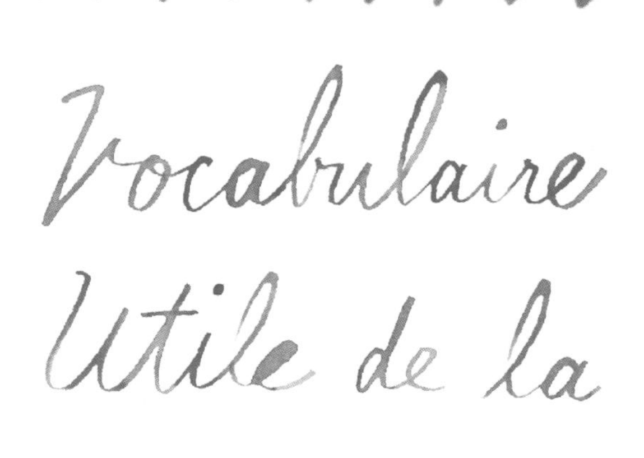

糕點常用語必備的法中辭典

分類別 附反查索引與拼音

監修 辻製菓專門學校

小阪ひろみ、山崎正也

大境文化

Pâtisserie
Française

photo —— 海老原俊之（除以下之外）
ino（P.93、98上、中）
髙橋栄一（P.76、77上）
高島不二男（P.15上端開始第二項、16上、中、17上端開始第二項、19中、24上端開始第三項、27中、32、34上、35中、100、101上、102下、110上、118、122下）
夫馬潤子（P.101中、113下、116上、122上、125下、127）
辻調グループ校職員（P.77下、81～83、86、88、97、98下、101下、104、106下、109、110下端最後一項、111、113上、114、115、116下、117、122中、123上、128）
illustration — 北村範史
design —— 岡本洋平・齋藤 圭・茂谷淑恵（岡本デザイン室）
editon —— 猪俣幸子

序文

現今，法國著名的糕點店已經有數間進駐日本開設分店，並且為追求正統風味前往法國學習也已不再是難事。在進口豐富法國食材來製作西式糕點的廚房現場，不僅是糕點名稱，包含材料、工具或製作用語等，理所當然會使用法語，進而有了必須理解其意義的需求。本書就是為了協助糕點師們選取了約1400句糕點製作用語與專有名詞，並儘可能努力地針對廚房使用的語意等詳加說明。期待在法國旅行時、在解讀法式糕點的製作方法（食譜配方）時，本書能貼近所需地被加以活用。

任職辻調グループ校で製菓時，擔任的是糕點製作和法語教育相關部分，長期以來切身地感到實用糕點用語與專有名詞的必要性。所以藉此機會，在得到柴田書店書籍編集部猪俣幸子女士等相關人士的協助之下，將本書具體整合呈現，在此深深致上最高的謝意。

2010年3月吉日

辻静雄料理教育研究所　小阪ひろみ

範例

1.詞彙與分類

詞彙以法語標記。
爲方便查詢配合實際糕點製作過程，將法語依「動作」、「材料」等分類加以區分，各分類中則以字母順序排列。
本書最後則設有可依字母順序查詢的索引頁，以及關於主要用語的中法反查索引（原書爲日法）。

2.複數[形]的標記

名詞的複數形基本上是在語尾添加**s**，沒有發音的變化。語尾是**s**、**x**、**z**時，則是單複同形（即使是複數時也直接使用單數形）。例外的變化時會以〔複〕來記載。

3.翻譯語詞

相同意思的數種翻譯語詞可替換使用時，會以「、」來區隔並列，可容易理解其語意。
大致的語意之外，仍有必要詳細說明時，會以「。」來區隔，或標註**1.**、**2.**的編號標示。
但與其他詞類的翻譯語詞並列時，使用頻率較低者會以（ ）括弧標示。

4.發音

和詞彙一起以⇨標示語詞的發音以〔 〕標示，中文版增加羅馬拼音。舉例其他的發音則在〔 〕內以日語片假名標示。以「→」標示的語詞發音則省略。

5.詞類標示記號

□內以省略方式標示。

[陽]…陽性名詞
[陰]…陰性名詞
[固陽]…陽性專有名詞
[固陰]…陰性專有名詞
[固]…非陽性名詞也非陰性名詞之專有名詞
[固形·名]…專有形容詞、名詞（陽、陰）
[他]…及物動詞
[自]…不及物動詞
[過分]…過去分詞（僅標示經常使用重要者和不規則變化者）
[形]…形容詞
[副]…副詞
[接]…接續詞
[前]…前置詞
[代名]…動作性名詞

6.其他的標示

📷：有照片
※：翻譯語詞的補充說明。或是更詳細說明
＊：舉例　依照詞彙的舉例→發音→翻譯語詞之順序標示
⇒：衍生詞、關聯詞（本書當中無其翻譯語詞或解說）

→：請見～。與衍生詞、關聯詞（本書是以詞彙標示）
不同範疇時，以「→P.○」標示其記載頁面。
＝：同義詞
⇔：反義詞
～：詞彙在說明文或舉例中一起連結使用時，發音會以此記號標示省略
附錄：附錄。雖然沒有以詞彙標題方式記述，但是糕點製作時相關者之解說。

關於分類

1. 動作

在糕點製作上經常使用的動作用語，也就是動詞之整合。
詞彙，與一般法語辭典同樣是以「不定詞」排列。糕點或料理的製作方法（食譜配方）幾乎都使用這個不定詞來記述。
此外，在瞭解糕點名稱或製作方法上必要的過去分詞、經常慣用語、需注意的變化語，以此爲中心標示（關於過去分詞請參照（P.7）「想要瞭解文法時／關於動詞」）。

2. 程度或狀態

表示程度或狀態的副詞整合。

3. 形態或狀態

表示「味道」、「顏色」、「形狀・大小」、「狀態、其他的形容」、「場所・位置」的語詞整合，各別將其分類標示。詞彙不僅只是形容詞，也包含名詞、副詞。
在此範疇內列舉出的大多形容詞中有陽性形、陰性形。爲避免使用上之困惑，記載時亦依陽性形／陰性形之順序標示發音。詞彙或發音僅一項時，則表示「陽性形、陰性形皆相同」。其複數形，語尾僅只添加「**s**」者不記載，僅特別變化者以〔複〕標示（陽性形之詞彙中標示有〔複〕時，則是陽性形複數的意思）。此外具「單複同形」之語詞，不會因數量而產生變化（以上請參照（**P.**6～7）「想要瞭解文法時／關於名詞／關於形容詞」）。

4. 器具

以「衛生（相關器具）」、「模型」、「模型或器具之材質」、「容器」、「設備」、「量測」、「分切」、「混拌・包夾」、「過濾」、「絞擠・倒入」、「熬煮・加熱」、「烘烤」、「擀壓・按壓脫出・塗抹」、「完成・裝飾」等分類進行介紹。

5. 材料

以「穀類・粉類」、「雞蛋」、「砂糖」、「水果・堅果」、「香草・其他辛香料」、「酒・飲料」、「乳製品」、「油脂」、「巧克力」、「調味料・添加物」等分類進行介紹。

6. 糕點、麵團或鮮奶油、副材料

以糕點名稱及麵團或鮮奶油等糕點所需材料名所列之詞彙，各別標示出其翻譯語詞。

在翻譯語詞合併標示法文地名
關於糕點名稱或其材料名稱包含地名者，基本上是以「→**Bordeaux**（P.130）」的形態，使其能參照地名解說。

7. 地名

作爲詞彙的法國地方名稱中，使用的是舊地名

因爲糕點名等用舊地方名稱的情形很多，所以標示出位於哪個省或相當於哪個地區。

※現在廣域行政圈＝地域圈無法完全吻合詞彙，翻譯語詞的說明當中並沒有附註法文。

關於這個部分請參照地圖（P.10）。

省名附加法文標示

同時標記法語與中文。

※因爲並沒有列入詞彙中，故附註法文與中文對照。

地名的形容詞形

僅於經常使用者，在地名說明時以（）標示出其形容詞（並無基本的翻譯語詞）。

地方糕點、特產品

具相關代表性糕點的地方名或具特色物產地鄉鎮，針對其由來等加以說明，添附必須參照之語詞。

8. 人名、店名、協會名等

列舉極具代表性的人名和店名等。

法語標示方式是以「姓、名」標記

詞彙的人名是以法文中正式的人名標記方法爲準，是「姓、名」的標記，發音等日文片假名標示通常是「名、姓」。

例如：**Carême, Antonin**［アントナン　カレーム］anh-to-nenh kah-hrehm

9. 其他

結集無法歸入上述任何分類之語詞。

想要瞭解文法時

■關於名詞

1）名詞當中有陽性名詞和陰性名詞

法文的名詞，雖然人或動物等具性別時會依實際性別對應使用，但無生物或抽象名詞也會區分出陰性和陽性。雖然也有如下記般，由語尾判讀出性別的名詞，但基本上仍請由字典來確認並牢記其性別。

（由語尾判別）

～**ien**,～**er** ⇒ 陽性名詞

～**ienner**,～**ère** ⇒ 陰性名詞

2）名詞的複數形

蘋果等可以計數之名詞複數形，基本上是在單數形的語尾添加「**s**」，發音沒有變化（**s** 不發音）。語尾**s**、**x**、**z**時，是單複同形。除此之外也有不規則變化者，此時會以〔複〕來記載其複數形。

例：**pomme**　蘋果 → **pommes**

pruneau　李子 →〔複〕**pruneaux**

3) 地方名、國名等專有名詞

在法文當中，即使是專有名詞，每個也都各有其附陽性或陰性的規定。

此外，也各有其形容詞（專有形容詞），像是「那個國家（地方）的、～人的、～語（文）的」的標記。形容詞，與其修飾的名詞之性別及數量一致。

例：**français**（陽性形）／**française**（陰性形）法國的、法國人的、法文的

fromage français法國的起司（**fromage**是陽性名詞）

pâtisserie française法式糕點（**pâtisserie**是陰性名詞）

形容詞的陽性形，表示該國（地方等）的語言也屬於陽性名詞。此外語頭以大寫標記時，陽性形即是表示該國（地方、鄉鎮等）的人、**XX**人的陽性，陰性形也是同樣的表示陰性。但，「我是**XX**人。」的文章中，則會以小寫來標記。

例：**Je parle français.** 我說法語。

un Français 一個法國人（陽性）、**une Françaisem** 一個法國人（陰性）

Je suis français. 我是法國人（話者是陽性）

Je suis française. 我是法國人（話者是陰性）

■關於形容詞

形容詞是修飾名詞的語詞。

1） 位置：置於名詞前或後。

基本上依單詞而決定置於名詞之前或之後。

2) 修飾的是陽性名詞或陰性名詞

法文的形容詞會配合修飾的名詞性別，區分出陽性形或陰性形。本文中，關於其各別形容詞會依陽性形／陰性形之順序來標示其發音。僅一個單詞時，無論哪個都能使用。基本上會在陽性形語尾添加「**e**」作為陰性形，以「**e**」前的子音來發音。

例：陽性名詞中形容詞的陽性形**citron vert**〔スィトロン ヴェール〕萊姆

陰性名詞中形容詞的陰性形 **pomme verte**〔ポム ヴェルト〕青蘋果

3) 名詞以母音或無聲之「**h**」起始時

此外，本書的形容詞當中**beau**、**mou**、**nouveau**、**vieux**呈現兩個陽性形。將此置於陽性單數形名詞前時，該名詞以母音或無聲之「**h**」（請參照P.150「**h**的發音」）為始之發音，會使用第二個字詞（**bel**、**mol**、**nouvel**、**vieil**）。

例：**le nouveau frigo**〔ル ヌヴォ フリゴ〕新的冰箱

le nouvel an〔ル ヌヴェル アン〕新年

4) 修飾的名詞是單數還是複數

形容詞修飾的名詞若是單數，則是單數形，複數時則使用複數形。

複數形基本上是在單數形的語尾附加「**s**」，發音並沒有變化。語尾是**s**、**x**、**z**時，即使是複數形也不會有變化（本文當中例外的複數形以〔複〕來標記）。

例：兩者皆為複數形的陽性名詞＋形容詞的陽性形 **citrons verts**〔スィトロンヴェール〕萊姆

兩者皆為複數形的陰性名詞＋形容詞的陰性形 **pommes vertes**〔ポム ヴェルト〕青蘋果

■關於動詞

1） 過去分詞的使用方法

過去分詞，除了用於表示過去發生之外，還具有被動意義，可修飾具形容詞意義的名詞。在字典上，也有不少是將其記述為形容詞。

2) 過去分詞的語尾變化
大部分動詞不定詞（詞彙之形式）的語尾會有如下的規則性變化形式，並會使修飾名詞的詞性、數量的語尾一致（請參照「關於形容詞」）。

- 過去分詞的規則語尾變化
  語尾是～ **er** 或～ **ir** 之動詞
  ～ **er** ⇒ ～ **é**，～ **ir** ⇒ ～ **i**
  例：**brûler**（燒焦）⇒ 語尾因是 **–er**，因此過去分詞是爲 **brûlé**。
  candir（使其結晶化）⇒ 語尾因爲是 **–ir**，因此過去分詞是爲 **candi**。

  語尾即使是 **–ir**，也有屬於不規則形之過去分詞的語彙（**couvrir** 等）。本書這樣的動詞當中，分別會以過分、形的過去分詞以及其陰性形發音來標記。

- 添加陰性名詞時，在語尾加上 **e**
  例：**crème** 以過去分詞 **brûlé** 修飾時，因 **crème** 是陰性單數形，所以 **brûlé** 會添加「**e**」。
  例：**crème brûlée**（烤布蕾）クレーム・ブリュレ

3) 動詞的活用形是依主語的人稱及時態產生變化
作爲主語的人稱，會因其單數或複數而使動詞的形態產生變化。或因時態（直說法的現在、複合過去式、未完成式、未來式。祈使語氣（命令句形）。條件句。接續句形。詳細請參考一般文法書）也會有所變化。

4) 命令句形
附錄 請參照使用於廚房的命令句形（P.149）

■關於副詞
副詞主要是作爲修飾動詞或形容詞的語詞。沒有語形變化。
基本上會添加在修飾語詞之後，但也有不少是加在之前。

■關於冠詞
名詞會冠以冠詞
冠詞當中具有陽性和陰性、其單數型和複數型，配合名詞的性別和數量冠之。在記憶名詞時，可以與冠詞同時記憶較佳。

冠詞當中可分成定冠詞、不定冠詞和部分冠詞三類。

不定冠詞
1） **un** ／ **une**（アン／ユンヌ）一個的～、有的～
※冠於單數名詞時。出現於可數名詞爲首的話題時。
陽性名詞⇒ **un**
陰性名詞⇒ **une**
以母音爲首之名詞 **un** 時連音爲「リエゾン（**liaison**）」、**une** 時連音爲「アンシェヌマン（**enchaînement**）」，是冠以 **un,une** 時的發音（請參照付錄「讀說法語」（P.150））。
例：**un citron**〔アン スリトロン〕一個檸檬
une pomme〔ユンヌ ポム〕一個蘋果
un abricot〔アンナブリコ〕一個杏桃

une orange〔ユンノラーンジュ〕一個柳橙
※以下，相同單字時省略譯文。

2) **des**〔デ〕幾個的～
※**un**和**une**的複數形。沒有區分陽性名詞、陰性名詞使用。當遇到以下母音爲首之名詞時，則產生連音。
例：**des citrons**〔デ スリトロン〕
des pommes〔デ ポム〕
des abricots〔デザブリコ〕
des oranges〔デゾラーンジュ〕

定冠詞

可數名詞成爲談話主題，而在開始第二次出現時冠之。或整體稱爲～者時，也會使用定冠詞。

1) 冠於單數名詞
le ／ **la**〔ル／ラ〕那個～。稱爲～者
陽性名詞時⇒ **le**
陰性名詞時⇒ **la**
以母音起始之名詞當中，名詞無性別時則冠以省略形之⇒**l'**
例：**le citron**〔ル スィトロン〕
la pomme〔ラ ポム〕
l'abricot〔ラブリコ〕
l'orange〔ロラーンジュ〕

2) 冠於複數名詞
les〔レ〕那些的～。稱爲～者
※**le,la,l'**的複數形。當遇到以下母音爲首的名詞時，則產生連音。
例：**les citrons**〔レ スィトロン〕
les pommes〔レ ポム〕
les abricots〔レザブリコ〕
les oranges〔レゾラーンジュ〕

部分冠詞

某個程度數量的～。
※冠於首次出現在話題中的不可數名詞（第二次之後的不可數名詞也會使用定冠詞）。
陽性名詞⇒**du**〔デュ〕
冠於陰性名詞時⇒**de la**〔ドラ〕
冠於以母音爲首之名詞時、無關乎名詞性別⇒**de l'** ～
例：**du lait**〔デュレ〕牛奶
de la farine〔ド ラ ファリーヌ〕麵粉
de l'eau〔ドロ〕水

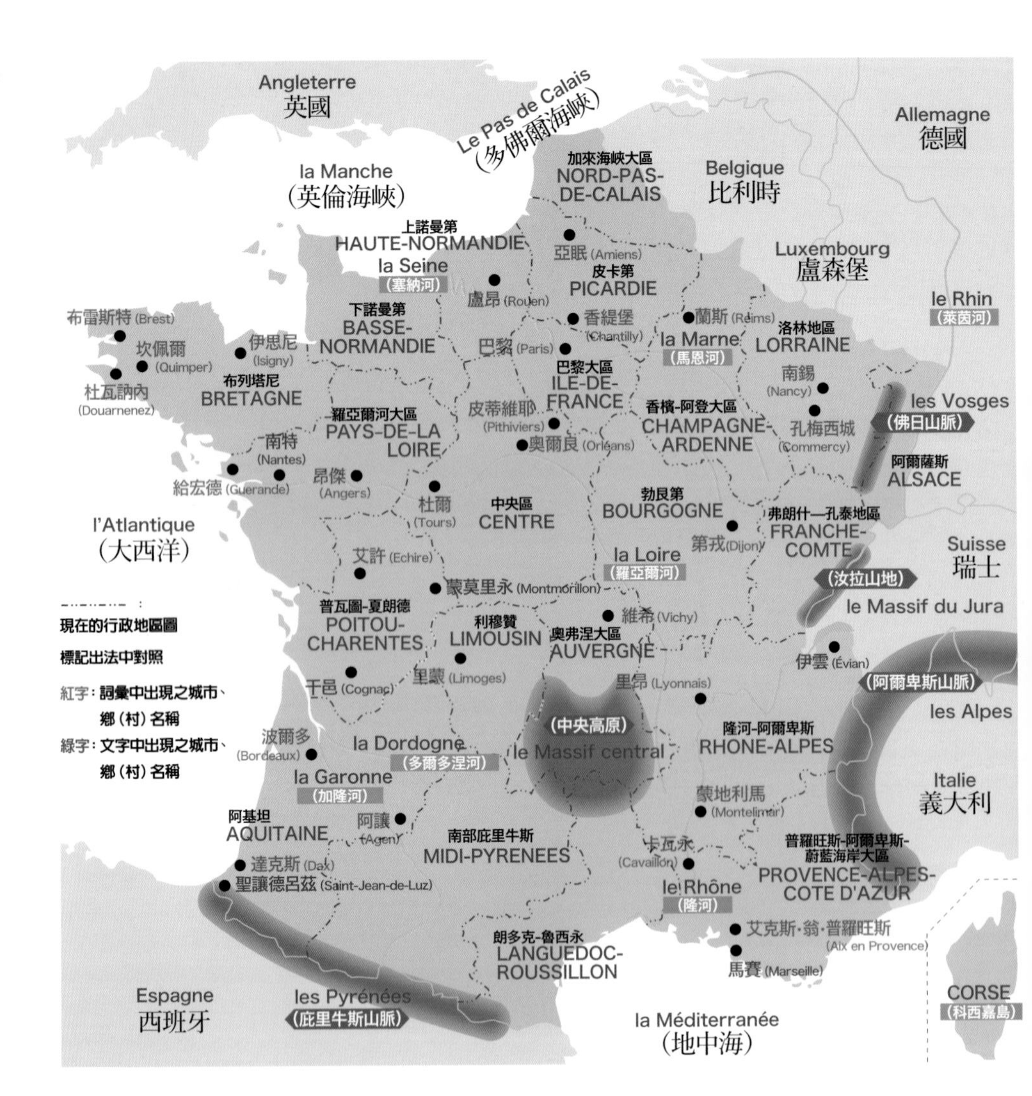

Angleterre
英國
Le Pas de Calais
(多佛爾海峽)
Allemagne
德國
la Manche
(英倫海峽)
加來海峽大區
NORD-PAS-DE-CALAIS
Belgique
比利時
上諾曼第
HAUTE-NORMANDIE
亞眠 (Amiens)
Luxembourg
盧森堡
la Seine
(塞納河)
皮卡第
PICARDIE
盧昂 (Rouen)
le Rhin
(萊茵河)
布雷斯特 (Brest)
下諾曼第
BASSE-NORMANDIE
香緹堡 (Chantilly)
蘭斯 (Reims)
洛林地區
LORRAINE
坎佩爾 (Quimper)
伊思尼 (Isigny)
巴黎 (Paris)
la Marne
(馬恩河)
杜瓦訥內 (Douarnenez)
布列塔尼
BRETAGNE
巴黎大區
ILE-DE-FRANCE
南錫 (Nancy)
les Vosges
(佛日山脈)
羅亞爾河大區
PAYS-DE-LA LOIRE
皮蒂維耶 (Pithiviers)
香檳-阿登大區
CHAMPAGNE-ARDENNE
孔梅西城 (Commercy)
南特 (Nantes)
奧爾良 (Orléans)
阿爾薩斯
ALSACE
給宏德 (Guerande)
昂傑 (Angers)
杜爾 (Tours)
中央區
CENTRE
勃艮第
BOURGOGNE
弗朗什—孔泰地區
FRANCHE-COMTE
l'Atlantique
(大西洋)
第戎 (Dijon)
Suisse
瑞士
艾許 (Echire)
la Loire
(羅亞爾河)
(汝拉山地)
le Massif du Jura
: 現在的行政地區圖
標記出法中對照
紅字：詞彙中出現之城市、鄉（村）名稱
綠字：文字中出現之城市、鄉（村）名稱
蒙莫里永 (Montmorillon)
普瓦圖-夏朗德
POITOU-CHARENTES
利穆贊
LIMOUSIN
奧弗涅大區
AUVERGNE
維希 (Vichy)
伊雲 (Évian)
干邑 (Cognac)
里蒙 (Limoges)
里昂 (Lyonnais)
(阿爾卑斯山脈)
les Alpes
(中央高原)
le Massif central
波爾多 (Bordeaux)
la Dordogne
(多爾多涅河)
隆河-阿爾卑斯
RHONE-ALPES
la Garonne
(加隆河)
Italie
義大利
蒙地利馬 (Montelimar)
阿基坦
AQUITAINE
阿讓 (Agen)
南部庇里牛斯
MIDI-PYRENEES
卡瓦永 (Cavaillon)
普羅旺斯-阿爾卑斯-蔚藍海岸大區
PROVENCE-ALPES-COTE D'AZUR
達克斯 (Dax)
聖讓德呂茲 (Saint-Jean-de-Luz)
le Rhône
(隆河)
艾克斯·翁·普羅旺斯 (Aix en Provence)
朗多克-魯西永
LANGUEDOC-ROUSSILLON
馬賽 (Marseille)
Espagne
西班牙
les Pyrénées
(庇里牛斯山脈)
la Méditerranée
(地中海)
CORSE
(科西嘉島)

動作

Ⓐ

abaisser[アベセ]ah-beh-say

他 1.以擀麵棍薄薄地擀壓麵團

※以機器（壓麵機**laminoir**）擀壓時亦同樣稱之。

＊abaisser la pâte à l'aide d'un rouleau〔～ラパートアレドダンルロ〕以擀麵棍擀壓麵團（à l'aide de...：借…之力）。

＝ **étaler**

2.降低溫度

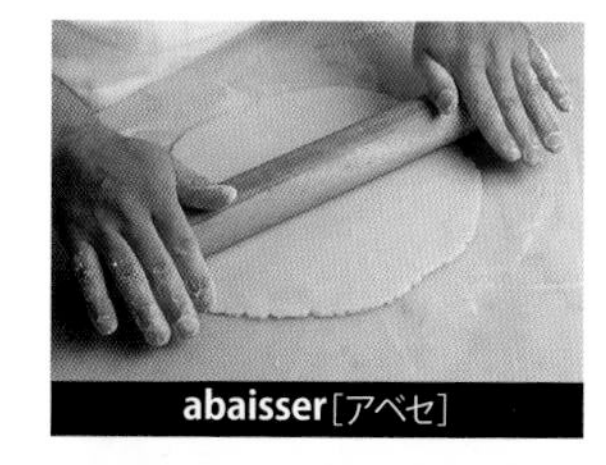

abaisser[アベセ]

abricoter[アブリコテ]ah-bhree-ko-tay

他 塗抹杏桃果醬

※烘烤糕點、塔餅等完成時，爲使其產生光澤及防止乾燥地刷塗上加水重新熬煮的杏桃果醬。

＝ **lustrer**

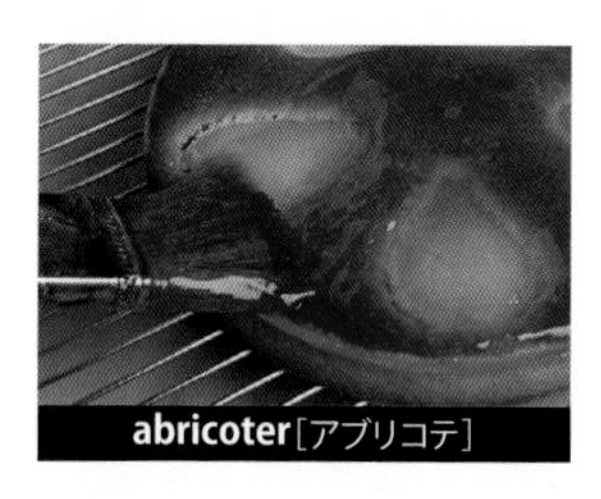

abricoter[アブリコテ]

accompagner[アコンパニェ]

ah-konh-pah-nyeh

他 一起添入混合、添加

＊accompagner cette tarte d'un coulis de fraise (s)〔～セットタルトダンクリドフレーズ〕這個塔餅添加了草莓果泥。

→ **coulis**（P104）

arroser[アロゼ]

ajouter[アジュテ]ah-zhoo-tay

他 加入

※**ajouter A à B**：**A**加入**B**

＊ajouter le chocolat à la sauce〔～ルショコラアラソース〕加入巧克力醬汁。

＊ajouter peu à peu〔～プアプ〕少量逐次加入。

aplatir[アプラティール]ah-plah-teehr

他 使（麵團等）平坦。

aromatiser[アロマティゼ]

ah-hro-mah-tee-zay

他 增添香氣

＊aromatiser la crème avec de la liqueur〔～ラクレムアヴェックドラリクール〕以利口酒增添奶油的香氣。

＝ **parfumer**

arroser[アロゼ]ah-hro-zay

他 澆淋液體（酒、糖漿等），滴流

※**arroser A de B**：在**A**上澆淋**B**

＊démouler le baba et l'arroser de sirop〔デムレルババエラロゼドスィロ〕將芭芭蛋糕脫模，並將糖漿澆淋於其上。

assaisonner[アセゾネ]ah-say-zo-nay

[他]調味

→ **assaisonnement** (P94)

assortir[アソルティール]ah-sohr-teehr

[他]（[過分]・[形] **assorti / assortie**[アソルティ]）混合搭配盛放、搭配

＊bonbons assortis〔ボンボン～〕綜合填裝的糖果

B

badigeonner[バディジョネ]

bah-dee-zhonh-nay

[他]塗

※在烘焙甜點等完成時，用毛刷大量刷塗糖漿或融化奶油等。

battre[バトル]bah-thr

[他]（[過分]・[形] **battu / battue**[バテュ]）攪拌

※一般是敲叩、敲打的意思，也可作爲強力混拌攪打或以攪拌器攪拌使其飽含空氣。

＊battre les blancs d'œufs en neige〔～レブランドゥアンネージュ〕將蛋白打發成白雪狀（打發成蛋白霜）

beurrer[ブレ]buh-hray 📷

[他] 1.（用毛刷或手指在模型或烤盤上）刷塗奶油

2.添加奶油

3.（製作折疊派皮麵團時）用基本揉合麵團包覆油脂

→ **détrempe** (P107)

blanchir[ブランシール]blanh-sheehr 📷

[他] 1.在蛋黃中加入砂糖混拌至顏色發白爲止

2.水煮、預先汆燙

＊blanchir le zeste de citron〔～ルゼストドスィトロン〕預先汆燙檸檬表皮。

[自]顏色變白

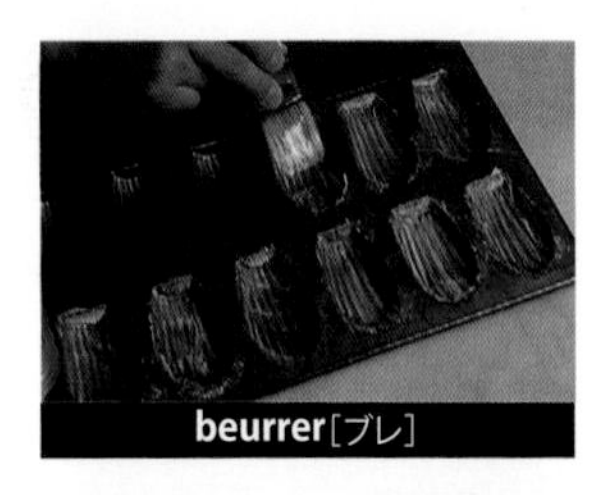

beurrer[ブレ]

blanchir[ブランシール]

bouillir[ブイイール]

bouillir[ブイイール]boo-yeehr 📷

[他]使液體沸騰

[自]沸騰

＊faire bouillir l'eau avec sel〔フェール～ロアヴェックセル〕使加鹽的水沸騰。

→ **ébullition** (P44) , **bouillant** (P43)

bouler[ブレ]boo-lay

[他]滾圓、使其成球狀

broyer[ブロワイエ]bhrwa-yeh

[他]敲碎、搗碾成細碎

→ **broyeuse** (P56)

brûler[ブリュレ]bhrew-lay

他 (以烙鐵或噴槍將糕點表面)焦化
自 烤焦
＊crème brûlée〔クレム ブリュレ〕 クレーム・ブリュレ。
＊Le feuilletage brûle dans le four.〔ル フイユタージュ ブリュール ダン ル フール〕千層派正在烤箱中焦糖化。
※**brûle**是**brûler**的直說法現在第三人單數形。

candir[カンディール]kanh-deehr

他 使其結晶化
※用高濃度、過飽和糖漿包覆**bonbon**糖果，使其表面的糖漿結晶化。就會成爲表面具細砂糖結晶的包覆。
＊candir les pâtes de fruits par trempage dans un sirop〔～レパートドフリュイパールトランパージュ ダン ザン スィロ〕法式水果軟糖(Pâtes de fruits)浸泡至糖漿中，使其表面形成砂糖結晶。
→ **candi** (P44), **fruit déguisé** (P110)

canneler[カヌレ]kahn-lay

他 (削切檸檬等表面)劃出線條或溝線
→ **cannelé**

caraméliser[カラメリゼ]

kah-hrah-may-lee-zay
他 1.焦化砂糖，呈色製作成焦糖。完成時，撒上砂糖焦化表面，成爲焦糖狀。
2.(在布丁模等當中)倒入焦糖。添加焦糖。
→ **caramel** (P44)

casser[カセ]kah-say

他 分開、折斷、破壞
→ 附錄 依砂糖熬煮程度(溫度)所產生的變化狀態名稱 (P148)

chauffer[ショフェ]shoh-fay

他 加熱、加溫
自 變熱、溫熱
＊faire chauffer la friture〔フェール～ラ フリテュール〕加熱炸油。

chemiser[シュミゼ]shuh-mee-zay

他 傑諾瓦士海綿(génoise)蛋糕等舖滿於模型中。在模型內使用果凍、巧克力等使其形成皮膜或外層。
＊chemiser le moule〔～ル ムゥル〕舖放在模型內。

chiqueter[シクテ]shee-kuh-tay

他 重疊折疊派皮麵團烘烤時，用小刀的刀背在層疊的麵團邊緣等距地斜劃出切口。
※爲使麵團表面平整均勻而進行的步驟。

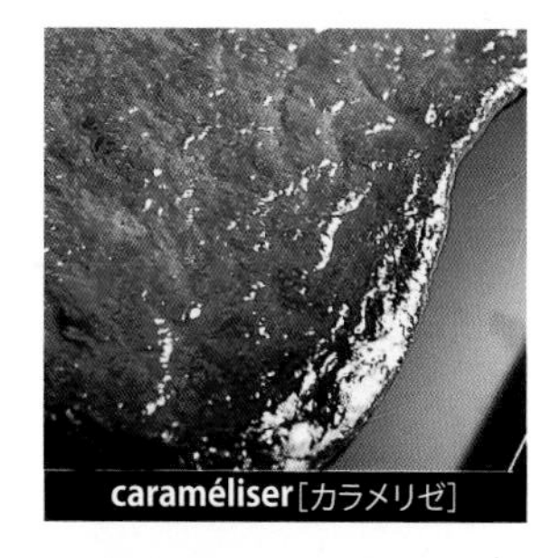
caraméliser[カラメリゼ]

chemiser[シュミゼ]

chiqueter[シクテ]

ciseler[スィズレ]seez-lay
他 1.切成細碎
→ **hacher**
2.切細
3.劃出切紋

citronner[スィトロネ]see-htroh-nay
他 爲防止顔色改變地以檸檬切口摩擦水果表面、澆淋檸檬汁。加入檸檬汁。

clarifier[クラリフィエ]klah-hree-fyeh
他 1.將全蛋分成蛋黃和蛋白
* clarifier des œufs 〔~デズ〕將蛋分成蛋黃和蛋白。
2.使其清澄
* le beurre clarifié〔ルブール クラリフィエ〕清澄奶油。

coller[コレ]ko-lay
他 1.添加明膠
* crème anglaise collée〔クレム アングレーズ コレ〕加入明膠的阿格雷醬汁。
2.黏著
⇔ **décoller**[デコレ]他 脫除

colorer[コロレ]ko-loh-hray
他 1.著色
* colorer la pâte d'amandes avec des colorants alimentaires〔~ラ パート ダマーンド アヴェック デ コロラン アリマンテール〕杏仁膏以食用色素著色。
→ **colorant** (P94), **alimentaire** (P43)
2.增添烘焙色澤

concasser[コンカセ]konh-kah-say
他 切成粗粒狀
* concasser les amandes〔~レ ザマーンド〕杏仁果切成粗粒。
→ **amandes concassées** (P78)

concentrer[コンサントレ]
konh-sanh-thray
他 濃縮

clarifier[クラリフィエ]

colorer[コロレ]

concasser[コンカセ]

confectionner[コンフェクスィヨネ]
konh-fehk-syoh-nay
他 製作、烹調

confire[コンフィール]konh-feehr
他 (過分 **confit**[コンフィ]/**confite**[コンフィット])醃漬、糖漬
※爲保存地以砂糖或酒浸漬水果。
→ **fruit confit** (P110), **confit** (P104)

congeler[コンジュレ]konh-zh-lay
他 冷凍、使其凍結
→ **congélateur** (P56)

conserver[コンセルヴェ]konh-sehr-vay
他 保存
→ **conservation, conserve** (以上P140)

corner[コルネ]kohr-nay

他 用刮板 **corne** 刮淨缽盆或工作檯，使不致殘留地整合麵團

＝ **racler**

→ **corne** (P64)

coucher[クシェ]koo-shay

他 絞擠出麵團或奶油餡

※將擠花袋傾斜45度，將其絞擠成細長帶狀。

→ **dresser**

couler[クレ]koo-lay

他 倒入、使其成型

＊sucre coulé〔スュクルクレ〕倒入模型中使其凝固的糖飴、倒入糖飴。

自 流動

couper[クペ]koo-pay

他 切

＊couper en deux〔～アンドゥ〕切成兩個（對半）。

couvrir[クヴリール]koo-vhreehr

他（過分 **couvert**[クヴェール]/ **couverte**[クヴェルト]）覆、蓋

⇔ **découvrir**

crémer[クレメ]khreh-may

他 1.使其成乳霜狀

※奶油於常溫中放至柔軟，加入砂糖攪拌成滑順狀態。

2.添加鮮奶油

croquer[クロケ]khroh-kay

他 發出聲音地咬碎

＊le chocolat à croquer〔ルショコラア～〕（用作糕點的）板狀巧克力。

→ **croquant** (P44, 106)

cuire[キュイール]kweehr

他（過分・形 **cuit**[キュイ] / **cuite**[キュイット]）受熱（烤、燉、蒸、煮）

＊cuire au four〔～オフール〕以烤箱烘烤。sucre cuit〔スュクルキュイ〕熬煮的糖、糖漿。

⇒ **cuisson**〔キュイソン〕陰 1.受熱，加熱調理 2.燉煮湯汁、汆燙湯汁

coucher[クシェ]

couler[クレ]

crémer[クレメ]

cuire à blanc[キュイール ア ブラン]

cuire à blanc[キュイール ア ブラン]

kweehr ah blanh

他 空燒

※製作派餅或塔餅時，將麵團鋪放至模型後，未放內餡地僅預先烘烤塔皮的動作

D

débarrasser[デバラセ]day-bah-hrah-say
他 收拾整理，移至其他的容器或場所

décanter[デカンテ]day-kanh-tay
他（製作清澄奶油時）將上方清澄部分移至其他容器。（葡萄酒）清澄部分移至其他容器

décongeler[デコンジュレ]day-konhzh-lay
他 解凍
⇔ **congeler**

décorer[デコレ]day-koh-hray
他 裝飾、放上裝飾品
* décorer le bavarois avec de la crème chantilly〔~ルバヴァロワアヴェックドラクレムシャンティイ〕用香緹奶油裝飾芭芭露亞。
⇒ **décoration**[デコラスィヨン]陰 裝飾、放置裝飾品
⇒ **décor**[デコール]陽 裝飾

décortiquer[デコルティケ]day-kohr-tee-kay
他 剝除（堅果類的）外殼
* décortiquer les pistaches〔~レピスタシュ〕剝除開心果的外殼。

découper[デクペ]day-koo-pay 📷
他 1.切分
※分切成一定的大小或形狀。
* découper la génoise en deux horizontalement〔~ラジェノワーズアンドゥゾリゾンタルマン〕傑諾瓦士海綿蛋糕（完成烘焙的蛋糕體）水平分切成2片。
= **détailler**
2.（用切模）按壓出來

découvrir[デクヴリール]day-koo-vhreehr
他（過分 **découvert**[デクヴェール] / **découverte**[デクヴェルト]）取下蓋子
⇔ **couvrir**

décuire[デキュイール]day-kweehr
他（過分 **décuit**[デキュイ] / **décuite**[デキュイット]）（添加水分）降低溫度
※熬煮焦糖等砂糖或製作果醬時，利用餘溫以防止過度熬煮、或爲稀釋熬煮濃度時添加水分或溫水，混拌使其融合。

délayer[デレイエ]day-leh-yeh
他 溶化、稀釋
※將粉放入液體內使其分散、或以水稀釋原汁等具濃度者。
* délayer le café soluble dans une cuillère à soupe d'eau〔~ルカフェソリューブルダンジュンヌキュイエールアスップド〕用1大匙水溶化即溶咖啡。
= **allonger**[アロンジェ] ,**diluer**,**détendre**[デタンドル],**étendre 2.**

démouler[デムレ]day-moo-lay 📷
他 由模型中脫模
⇔ **mouler**
→ **moule** (P50)

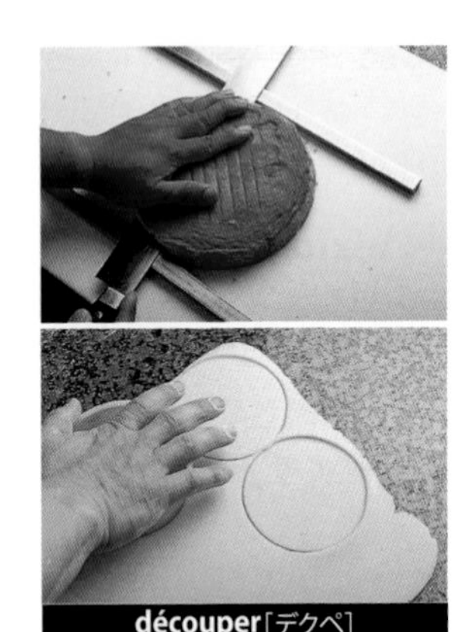
découper[デクペ]

démouler[デムレ]

dénoyauter［デノワイヨテ］day-nwa-yo-tay

他 取出（植物、水果）種籽

→ **noyau** (P84)

desécher［デセシェ］

dessécher［デセシェ］day-say-shay

他 使其乾燥、揮發多餘的水分

détailler［デタイエ］

détailler［デタイエ］day-tah-yeh

他 切分

＝ **découper**

détremper［デトランペ］day-thranh-pay

他 混合、溶化

※ 特別是指粉類與水分確實混合。

→ **détrempe** (P107)

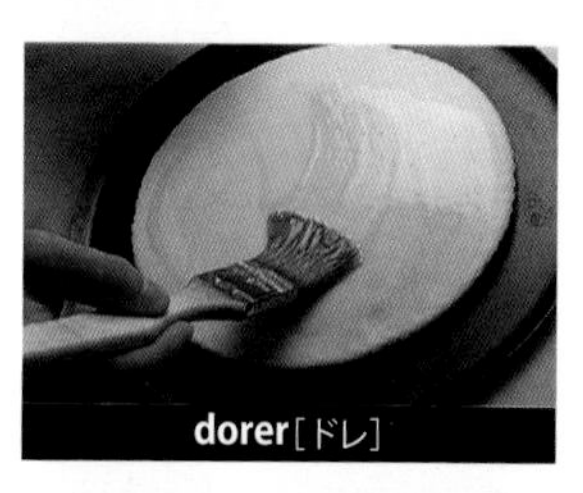

dorer［ドレ］

diluer［ディリュエ］dee-lew-ay

他 溶化、稀釋

＝ **délayer**

dissoudre［ディスゥドル］dee-soodhr

（過分 **dissous**［ディスゥ］ / **dissoute**［ディスット］）

他（固體溶化於液體）溶解

自 溶化

＊ faire dissoudre la gélatine〔フェール～ラジェラティーヌ〕溶解明膠（吉利丁）。

＝ **fondre**

dresser［ドレセ］

diviser［ディヴィゼ］dee-vee-zay

他 分開、分割

＊ diviser la pâte en deux〔～ラパートアンドゥ〕將麵團分割為二。

dorer［ドレ］doh-ray

他 1. 為使其產生具光澤的烘烤色澤而在麵團表面塗抹雞蛋等

2. 確實烘烤至呈現漂亮的烤色

→ **dorure** (P107)

dresser［ドレセ］dhreh-say

他 1. 裝起盛盤

2. 絞擠出麵團或奶油餡

※ 直立擠花袋，集中一點地絞擠成圓形。

＊ dresser en dôme〔～アンドーム〕絞擠成半圓形。

→ **coucher**

ébarber［エバルベ］ay-bahr-bay

他 切除多餘的麵團

ébarber［エバルベ］

échauffer［エショフェ］ay-sho-fay

他 加溫

= **chauffer**

écraser［エクラゼ］ay-khrah-zay

他 打碎（堅果）

écumer［エキュメ］ay-kew-may

他 撈除浮渣

→ **écumoire** (P68)

écumer［エキュメ］

effiler［エフィレ］ay-fee-lay

他 切成薄片、前端切細

→ **amandes effilées** (P78)。

égoutter［エグテ］ay-koo-tay

他 瀝乾水分或糖漿等湯汁

égoutter［エグテ］

emballer［アンバレ］anh-bah-lay

他 包裹

⇒ **emballage**［アンバラージュ］陽 包裝、包裹包覆

émincer［エマンセ］ay-menh-say

他 切成薄片

émincer［エマンセ］

émonder［エモンデ］ay-monh-day

他 汆燙去皮

＊émonder la pêche à l'eau bouillante〔～ラ ペシュ ア ロ ブイヤーント〕用熱水汆燙桃子去皮。

＊amandes émondées〔アマーンド エモンデ〕去皮杏仁果。

= **monder**

employer［アンプロワイエ］anh-plwa-yeh

他 使用

＊On doit employer un sucre très-pur.〔オン ドワ タンプロワイエ アン スュクル トレピュール〕必須使用高純度砂糖。

代名 **s'employer** 被使用、被雇用

émulsionner[エミュルスィヨネ]
ay-mewl-syoh-nay
他 使其乳化
※不使水分與油脂分離地混合狀態。以奶油麵團為始的泡芙等多種麵團或甘那許，都是材料呈現乳化之狀態。
＊bien émulsionner les œufs, le sucre et le beurre〔ビヤン～レズル スュクル エル ブール〕使雞蛋、砂糖、奶油充分乳化。
＝ **émulsifier**[エミュルスィフィエ]
→ **émulsifiant** (P95)

enfourner[アンフルネ]anh-foohr-nay
他 放入烤箱

enlever[アンルヴェ]anhl-vay
他 去除
＊enlever la pulpe sans abîmer la coque〔～ラ ピュルプ サン ザビメ ラ コック〕避免破壞表皮地取下果肉（abîmer 他 傷つける）。
→ **coque 2.** (P104)

enrober[アンロベ]anh-hro-bay
他（麵團或奶油餡的周圍）以巧克力等將其沾裹、用杏仁膏等包覆
＊enrober les boules de ganache de couverture〔～レ ブゥル ド ガナシュ ド クヴェルテュール〕以覆淋調溫巧克力沾裹滾圓的甘那許。

envelopper[アンヴロペ]anhv-loh-pay
他 包裹、覆蓋
＊replier la pâte pour envelopper le beurre〔ルプリエ ラ パート プー ランヴロペル ブール〕反折麵團包覆奶油。
⇒ **enveloppe**[アンヴロップ] 陰 信封、封面

épaissir[エペスィール]ay-peh-seehr
他 增加濃度
※在奶油餡或漿汁中添加玉米澱粉或奶油等以增加其稠濃。
＊un élément épaississant〔アン ネレマン エペスィサン〕增加稠度的材料。
⇒ **épaississant**[エペスィサン] 形 提高濃度
＝ **lier**

émonder[エモンデ]

émulsionner[エミュルスィヨネ]

enrober[アンロベ]

éplucher [エプリュシェ]ay-plew-shay 📷
他 剝除外皮

éponger[エポンジェ]ay-ponh-zhay
他（水分等）吸收、擦拭、拭去、（用毛刷等）刷塗
→ **éponge** (P49)

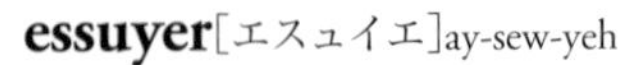

essuyer[エスュイエ]ay-sew-yeh
他 擦乾水分、擦拭
＊essuyer les bords du plat〔～レボールデュプラ〕擦拭盤皿的邊緣使其整潔。

étaler[エタレ]ay-tah-lay 📷
他 以擀麵棍擀壓麵團、推展擴大
＝ **abaisser**

étendre[エターンドル]ay-tanh-dhr
他（過分 **étendu / étundue**［エタンデュ］）
1. 推展擴大、薄薄擀壓
＝ **étaler**
2. 使其變薄
＝ **délayer**

étirer[エティレ]ay-tee-hray
他 拉拽
※重覆拉長折疊加熱過的糖飴用糖液 **sucre cuit**，使其呈現光澤。
＝ **tirer**

étuver[エテュヴェ]ay-tew-vay
他 1. 放入發酵箱（烘乾機）**étuve**內
2.（加入少量油脂、液體，利用主要食材產生的水分）蒸煮
→ **étuve** (P57)

évider[エヴィデ]ay-vee-day
他 挖出果肉、以挖出籽或核的蘋果去核器 **vide-pomme**挖除
＝ **vider**
→ **vide-pomme** (P72)

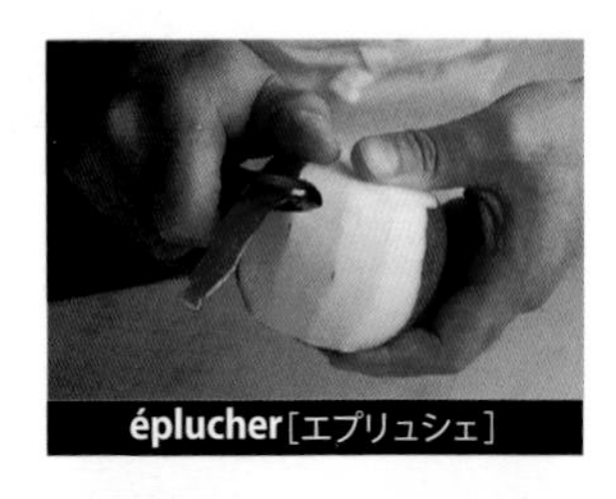
éplucher［エプリュシェ］

étaler［エタレ］

F

façonner[ファソネ]fah-so-nay
他 整型、整合出形狀
＝ **former**［フォルメ］

faire[フェール]fehr
他（過分・形 **fait**［フェ］/ **faite**［フェット］）
1. 製作
＊faire une fontaine dans la farine〔～ユンヌフォンテーヌ ダン ラ ファリーヌ〕使麵粉成水泉狀（直譯則是，在麵粉中製作出水泉）。
2. 進行、作
3. **faire**＋動詞（不定詞）使其成為～

farcir[ファルスィール]fahr-seehr
他 填裝、作成填充物
→ **farce** (P108)

fariner[ファリネ]fah-hree-nay

他 1.撒上手粉

2.撒上麵粉、撒放

＊beurrer et fariner les moules〔ブレエ～レムゥル〕在模型中塗抹奶油、撒放麵粉。

fariner[ファリネ]

fendre[ファーンドル]fenh-dhr

他（過分 **fendu / fendue**［ファンデュ］）（縱向）剖開

＊fendre la gousse de vanille en deux〔～ラグゥスドヴァニーユアンドゥ〕香草莢剖成二半。

fendre[ファーンドル]

fermenter[フェルマンテ]fehr-manh-tay

自 發酵

※使其發酵時、會以**faire fermenter,laisser fermenter**的形態來表現。。

＊faire fermenter la pâte〔フェール～ラパート〕使麵團發酵。

＝ **lever**

⇒ **fermentation**［フェルマンタスィヨン］陰 發酵

finir[フィニール]fee-neehr

他 終結、完成

自 終了

→ **finition** (P141)

flamber[フランベ]flanh-bay

他 燃燒酒類中的酒精成分使其揮發

※以高酒精的酒類增添香氣時，在鍋中燃燒使酒精揮發。也有像橙香火焰可麗餅般，在賓客席間澆淋酒類燃燒，增添香氣的同時也能以演出方式服務賓客。

→ **crêpe Suzette** (P106)

自 燃燒起來、燃起火焰

＊faire flamber devant les convives〔フェール～ドゥヴァンレコンヴィーヴ〕在賓客面前桌邊烹調（燃起火焰）。

flamber[フランベ]

foncer[フォンセ]fonh-say

他 派餅麵團等舖放入模型中

＊pâte à foncer〔パータ～〕酥塔皮、舖放用的麵團。

⇒ **fonçage**［フォンサージュ］陽 舖放

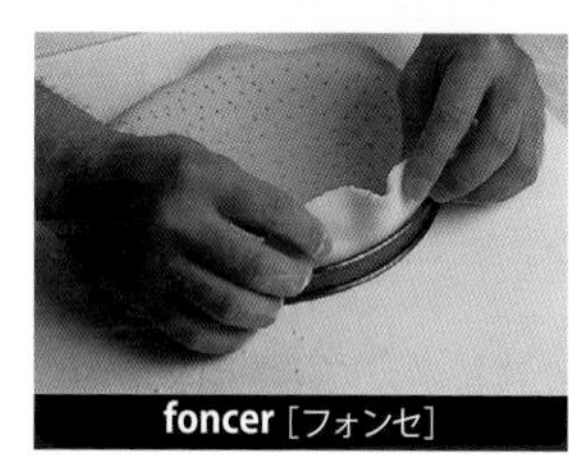

foncer [フォンセ]

動作

Ⓕ

fondre[フォーンドル]fonh-dhr

([過分] **fondu / fondue**[フォンデュ])

[他]溶化、(變成像溶化般的柔軟爲止)蒸煮

[自]融解、軟化

＊faire fondre le beurre〔フェール～ル ブール〕融化奶油。

→ **fondu** (P45)

fouetter[フウェテ]

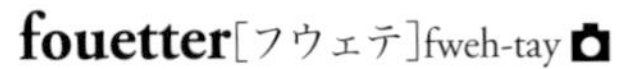

fouetter[フウェテ]fweh-tay

[他]打發、攪打(鮮奶油或雞蛋等)

＊crème fouettée〔クレム フウェテ〕打發的鮮奶油、打發鮮奶油

※未添加砂糖狀態下打發者。

→ **fouet** (P64)

fourrer[フレ]foo-hray

[他]裝填、填充

※海綿蛋糕夾入鮮奶油、泡芙中裝填奶油餡等，在某物正中央放入其他物質。

＊fourrer les choux de crème〔～レシュゥドクレム〕在泡芙中裝填奶油餡。

= **garnir**

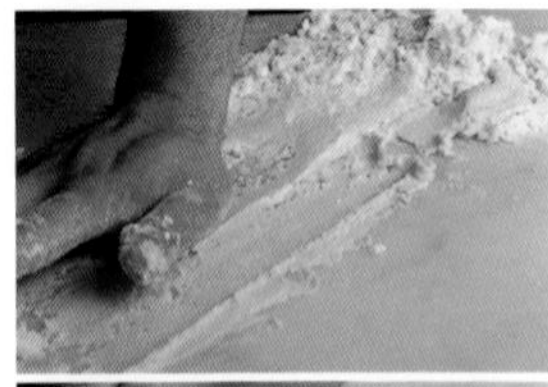

fraiser[フレゼ]

fraiser[フレゼ]fhreh-zay

[他]用手掌或抹刀少量逐次地將麵團推展至工作檯上

※也稱爲**fraser**[フラゼ]。確認是否所有的材料充分混拌、並將材料均勻混拌至滑順狀態的步驟。也可以使用三角刮板。

frémir[フレミール]

frémir[フレミール]fhray-meer

[自]略微沸騰、(液體表面)輕微震動

※開始即將沸騰之狀態(85～90℃)。

＊laisser (faire) frémir doucement à découvert〔レセ (フェール) ～ドゥスマン ア デクヴェール〕不覆鍋蓋地靜靜使其略微沸騰。

→ **doucement** (P37), **frémissant** (P45)

⇒ **frémissement**[フレミスマン][陽]隱隱沸騰之狀態

＊chauffer jusqu'à frémissement〔ショフェ ジュスカ フレミスマン〕(噗噗聲地)略微煮開地加熱

frire[フリール]fhreer

[他] ([過分] **frit**[フリ] / **frite**[フリット])(以油)油炸

frotter［フロテ］fhroh-tay

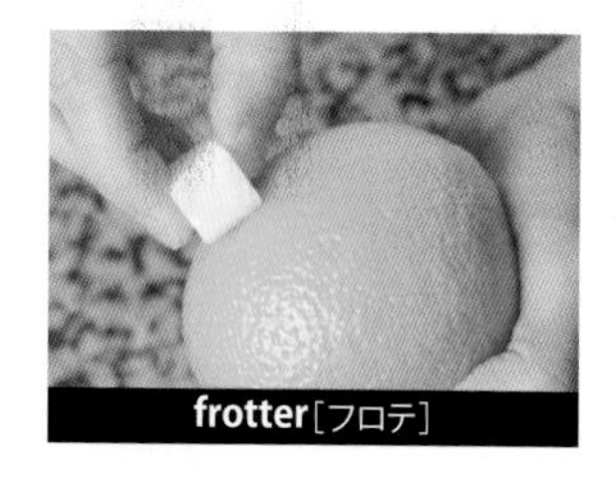
frotter［フロテ］

他 摩擦使其沾附

＊frotter le sucre avec le zeste d'orange〔～ル スュクル アヴェック ル ゼスト ドラーンジュ〕在柳橙表皮摩擦砂糖使其沾附

garnir［ガルニール］gahr-neer

他 1.填裝

2.搭配盛裝、附加

→ **garniture** (P111)

garnir［ガルニール］

glacer［グラセ］glah-say

他（過分・形 **glacé / glacée**［グラセ］）

1.澆淋表面光澤、澆淋糖衣

＊glacer des choux au fondant〔～デ シュゥ オ フォンダン〕在泡芙上澆淋糖霜。

＊petits-fours glacés〔プティフール グラセ〕澆淋了糖霜的小糕點。

2.沾裹上醬汁

※烘烤完成的製品表面撒放砂糖，以高溫烤箱烘焙，使砂糖焦糖化並形成光澤。

3.使其凍結

→ **glaçage** (P112)

glacer［グラセ］

gonfler［ゴンフレ］gonh-flay

他 使膨脹鼓起

自 膨脹鼓起

goûter［グテ］goo-tay

他 品味、品嚐

→ **goût** (P39)

gratiner［グラティネ］ghrah-tee-nay

他 製成焗烤、澆淋醬汁使表面產生焦色地烘烤

＊gratiner des fruits〔～デ フリュイ〕將水果製成焗烤。

→ **gratin** (P113)

gratter［グラテ］

gratter［グラテ］ghrah-tay

他 刮除、刨削

＊gratter les grains avec la pointe d'un couteau〔～レ グラン アヴェック ラ ポワーント ダン クト〕（香草莢的）籽以刀尖刮下。

griller［グリエ］ghree-yeh 📷

他 以烤箱烘烤堅果等。香煎

※本來指的是用網架（烤網）烘烤。

＊amandes grillées〔アマーンド グリエ〕烘烤過的杏仁。

griller［グリエ］

hacher［アシェ］ah-shay 📷

他 切成細碎狀

＊amandes hachées〔アマーンド アシェ〕杏仁碎粒。

→ **ciseler 1.**

hacher［アシェ］

imbiber［アンビベ］enh-bee-bay

他 使（糖漿等液體）滲入。使其濕潤

※用於使傑諾瓦士海綿蛋糕或脆餅等具濕潤感、或爲增添風味地刷塗糖漿或酒等，使其滲入其中。

＊imbiber la génoise de sirop〔～ラ ジェノワーズ ドスィロ〕在傑諾瓦士海綿蛋糕上刷塗糖漿。

→ **imbibage** (P113)

＝ **puncher**

inciser［アンスィゼ］enh-see-zay

他 劃切割紋

incorporer［アンコルポレ］

enh-kohr-poh-hray 📷

他 混合、混入其中

※某種材料（或是幾種材料之混合物）加入其他材料之中，使其成爲均勻之狀態。以泡芙麵糊爲基底加入雞蛋、以脆餅麵團爲基底避免破壞蛋白霜氣泡地混拌等，用於必須邊注意硬度與比重相異的材料混合完成之狀態，邊進行混拌時。

＊incorporer les blancs montés à l'appareil〔～レ ブラン モンテ ア ラパレイユ〕在奶蛋液中混拌入打發蛋白。

incorporer［アンコルポレ］

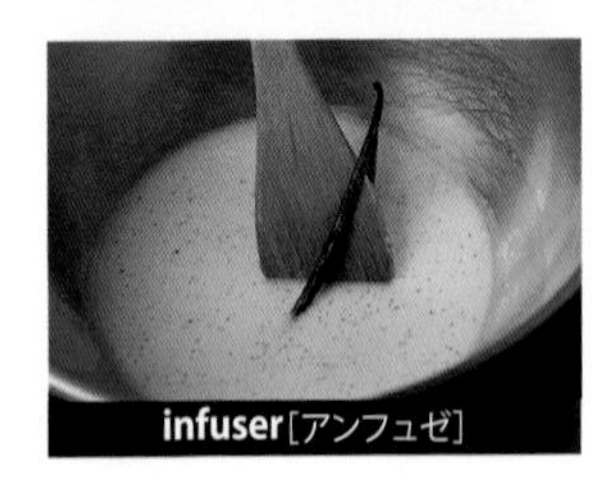

infuser［アンフュゼ］

infuser［アンフュゼ］enh-few-zay 📷

他 熬煮、浸泡於熱水中

※在沸騰的液體中浸泡香草、香料等使其釋出香氣及成分。

＊infuser la gousse de vanille dans le lait〔～ラ グゥス ド ヴァニーユ ダン ル レ〕將香草莢放入牛奶中熬煮。

→ **infusion** (P90)

laisser［レセ］leh-say

他 1.殘留、直接放置

2.**laisser**＋動詞（不定詞）使其～

＊laisser mijoter〔～ミジョテ〕咕嘟咕嘟地熬煮。laisser reposer la pâte〔～ルポゼラパート〕靜置麵團。

laver［ラヴェ］lah-vay

他 洗

lever［ルヴェ］luh-vay

1.自 發酵、膨脹

＊laisser lever la pâte〔レセ～ラパート〕使麵團發酵。

＊pâte levée〔パート ルヴェ〕發酵麵團、（用酵母）使其發酵的麵團。

＝ **pousser**

2.他 提升

＝ **relever**［ルルヴェ］（也有提引出風味的意思）

3.他 切取出來

＊lever les quartiers〔～レ カルティエ〕每一單位取出（將柳橙等果肉分瓣取出）。

→ **quartier** (P143)

lier［リエ］lyeh

他 增添濃度、增加稠度、連結

＝ **épaissir**

⇒ **liaison**［リエゾン］陰 連結、增加稠度（濃度）。用於增添稠度之材料

lisser［リセ］lee-say

他（確實地混拌）使其呈現滑順狀。塗抹奶油餡等，使表面呈滑順狀態。呈現光澤

→ **lisse** (P45)

lustrer［リュストレ］lews-thray

他 呈現光澤、在糕點表面刷塗杏桃果醬或鏡面果膠

＝ **abricoter, napper**

macaronner［マカロネ］

macérer［マセレ］

lyophiliser［リヨフィリゼ］lyoh-fee-lee-zay

他 乾燥凍結（食品）、使其冷凍乾燥

＊fraises lyophilisées〔フレーズ リヨフィリゼ〕冷凍乾燥草莓

macaronner［マカロネ］

mah-kah-hroh-nay

他（成為適合製作馬卡龍之狀態）使用刮板或橡皮刮刀等混拌馬卡龍麵糊，調節硬度

→ **macaron** (P114)

⇒ **macaronage**［マカロナージュ］陽 成為適合製作馬卡龍之狀態

macérer［マセレ］mah-say-hray

他 將水果等浸漬在酒或糖漿等當中，浸泡

＊macérer des raisins secs dans du rhum〔～デ レザン セック ダン デュ ロム〕葡萄乾浸泡在蘭姆酒之中。

malaxer[マラクセ]mah-lahk-say
他揉和、揉捏
※特別是使用於麵粉和奶油均匀確實混拌、使麵團產生彈力及黏度地混拌、冰涼奶油或杏仁膏等固狀物質成爲柔軟易於操作等情況。
→ **détremper, pétrir, travailler**

manger[マンジェ]manh-zhay
自他吃
→ **blanc-manger** (P99)

mariner[マリネ]mah-hree-nay
他製成醃漬、浸泡於調味料等之中，使其柔軟並增加風味
※用於肉類或魚類。水果浸漬於酒類中時，大多使用 **macérer**。

masquer[マスケ]mahs-kay
他覆以奶油餡或杏仁膏
= **napper 1.**

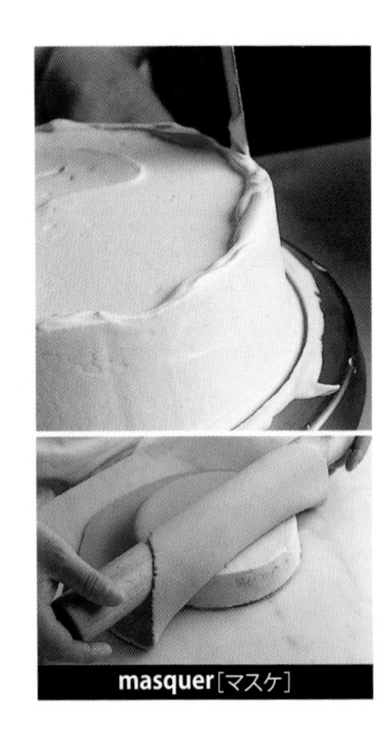

masquer[マスケ]

mélanger[メランジェ]meh-lanh-zhay
他混拌、混合

meringuer[ムランゲ]muh-hrenh-gay
他 1. 在蛋白中添加砂糖打發
2. 以蛋白霜覆蓋塔餅等糕點，蛋白霜烘焙出烤色後完成

mesurer[ムジュレ]muh-zewh-hray
他量測（長度、重量、容量）
→ **peser**

mettre[メトル]methr
他（過分・形 **mis** [ミ] / **mise**[ミーズ]）
放置、放入、整理整頓
＊mettre sur le feu〔～シュル ル フ〕加熱。mettre au froid〔～オフロワ〕放置於陰涼處。
⇒ **mise en place**[ミ ザン プラス]陰準備（成爲可以開始烹調之狀態。齊備材料、完成削皮分切等預備作業）。
→ **place** (P48)

mijoter[ミジョテ]mee-zhoh-tay
他以小火緩慢熬煮

mixer[ミクセ]meek-say
他以攪拌機攪打
→ **mixeur** (P59)

monder[モンデ]monh-day
他汆燙去皮
＊amandes mondées〔アマーンド モンデ〕去皮杏仁果。
= **émonder**

monter［モンテ］monh-tay

他 1.打發（蛋白等）、攪拌打發

※也用於烹調料理當中，醬汁完成時少量逐次地加奶油，邊使其溶化邊混拌以增添濃郁風味的步驟。

＊monter les blancs d'œufs en neige〔～レ ブラン ドゥ アン ネージュ〕將蛋白打發成雪狀（打發蛋白霜）。

2.組合完成糕點

⇒ **montage**［モンタージュ］陽 組裝完成

3.**foncer** 入模時，麵團高出模型邊緣

→ **foncer**

mouiller［ムイエ］moo-yeh

他 1.加入液體

＊mouiller le sucre avec un peu d'eau〔～ル スュクル アヴェカン プ ド〕（製作糖漿時）砂糖中加入少量的水。

2.使其濕潤、用毛刷將水刷塗在烤盤或模型上

mouler［ムレ］moo-lay

他 放入模型

⇔ **démouler**

⇒ **moulage**［ムラージュ］陽 填放至模型中、放至模型中成型

→ **moule**（P50）

mousser［ムセ］moo-say

自 發泡

※指奶蛋液或醬汁過度混拌時產生氣泡之狀態。**faire mousser**的形態，也有打發奶油餡或醬汁的意思。

napper［ナペ］nah-pay

他 1.（覆蓋全體般地）塗抹奶油餡

2.（於英式蛋奶醬Crème anglaise時）熬煮至可覆蓋刮杓的濃度

※如2般邊攪拌混合，邊加熱至約85℃之狀態（薄紗狀地覆蓋在刮杓的濃度）就稱之爲 **à la nappe**〔ア ラ ナップ〕。

⇒ **nappe**［ナップ］陰 廣闊的薄層、桌巾

→ **nappage**（P117），**nappé**（P148 附錄 依砂糖熬煮程度產生變化的狀態名稱）

nettoyer［ネトワイエ］neh-twa-yeh

他 除去髒污、掃除

※去皮等除去食材多餘的部分

＊nettoyer les fraises〔～レ フレーズ〕清潔草莓。

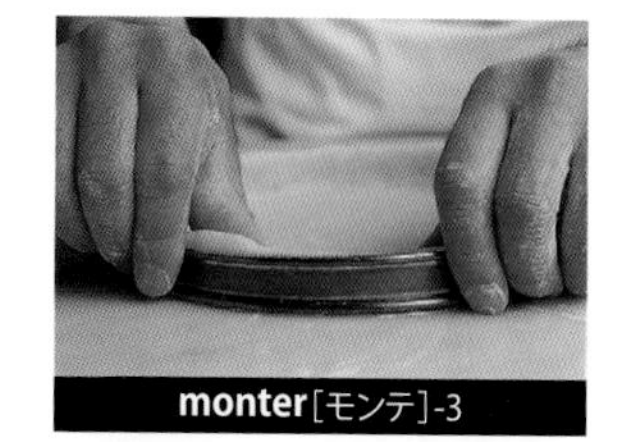

monter［モンテ］-3

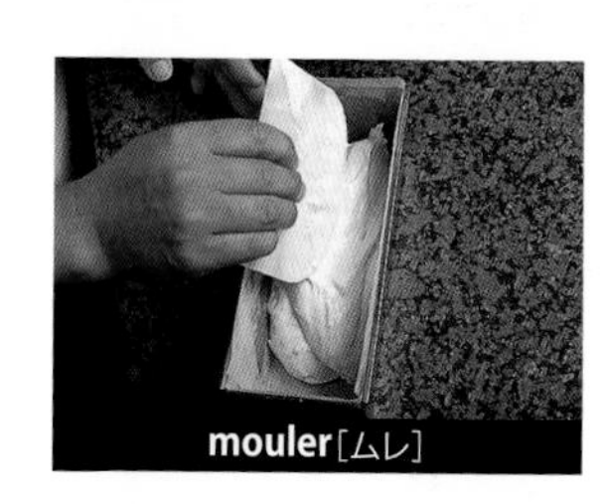

mouler［ムレ］

napper［ナペ］-1

Ⓟ

parer［パレ］pah-hray

他 1.除去多餘部分調整形狀

2.撒上杏仁薄片或可可芭芮脆片**pailleté feuilletine**等作爲裝飾

→ **pailleté feuilletine** (P118)

parfumer［パルフュメ］pahr-few-may 📷

他 增添香氣

→ **parfum** (P95)

= **aromatiser**

parsemer［パルスメ］pahr-suh-may

他 撒放，散落撒放

＊parsemer de chocolat râpé〔～ドショコララペ〕撒上削切的巧克力。

passer［パセ］pah-say 📷

他 1.過濾、濾除殘渣

＊passer au chinois〔～オシノワ〕用漏杓過濾。

→ **chinois, passoire** (以上P66)

2.（藉由攪拌機或烤箱）加熱、放入、攪打

＊passer au four〔～オフール〕放入烤箱。

peler［プレ］puh-lay

他 剝皮

＊peler les fruits à vif〔～レフリュイアヴィフ〕剝除水果（主要用於柑橘類）表皮至露出果肉。

→ **vif** (P47)

peser［プゼ］puh-zay

他 量測（重量）

→ **mesurer**

pétrir［ペトリール］pay-threer

他 揉捏

pincer［パンセ］penh-say 📷

他 用派皮剪刀**pince à pâte**等夾去、剪開麵團邊緣

※是爲裝飾派皮麵團等周圍邊緣而進行的步驟。

→ **pince à pâte** (P64)

piquer［ピケ］pee-kay 📷

他（用打孔滾輪**pic-vite**或叉子）在麵團上刺出小孔洞。（用刀尖等）在派餅麵團表面刺出排放蒸氣的孔洞

→ **pic-vite** (P72)

placer［プラセ］plah-say

他（決定位置）放置、排放

= **poser**

parfumer［パルフュメ］

passer［パセ］

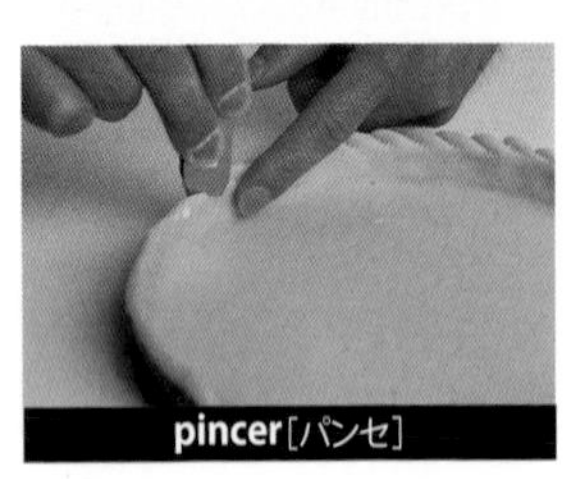

pincer［パンセ］

plier［プリエ］plee-yeh
他 折疊、疊放
→ **replier**

plonger［プロンジェ］plonh-zhay
他 浸泡、浸漬
＊plonger les marrons dans l'eau bouillante〔～レマロン ダン ロ ブイヤーント〕栗子浸泡在熱水中（迅速汆燙）。
→ **bouillant** (P43)

pocher［ポシェ］poh-shay
他 1. 燙煮。用足以浸泡水果用量的液體（水、糖漿、葡萄酒等），於沸騰前之狀態下燙煮
＊pocher dans le sirop〔～ダンル スィロ〕用糖漿燙煮。
2. 隔水加熱

poêler［ポワレ］pwa-lay
他 以平底鍋烘煎
※燜蒸水果、或除了以奶油香煎以外，也會有伴隨添加砂糖使其焦化的情況。
→ **poêle** (P68)

porter［ポルテ］pohr-tay
他 **porter A à B** ： 將**A**變成**B**（之狀態）
＊porter à frémissement 〔～アフレミスマン〕使其微微沸騰。
→ **frémissement** (P22・**frémir**)

poser［ポゼ］poh-zay
他 放置
＊poser la deuxième abaisse〔～ラ ドゥズィエム アベス〕放置第二片麵團。
⇒ **disposer**［ディスポゼ］他 整理後放置、分配放置
⇒ **déposer**［デポゼ］他 放下（拿著的物品）。使其沈澱
→ **abaisse** (P97)

poudrer［プドレ］poo-dhray
他 撒放
＝ **saupoudrer**

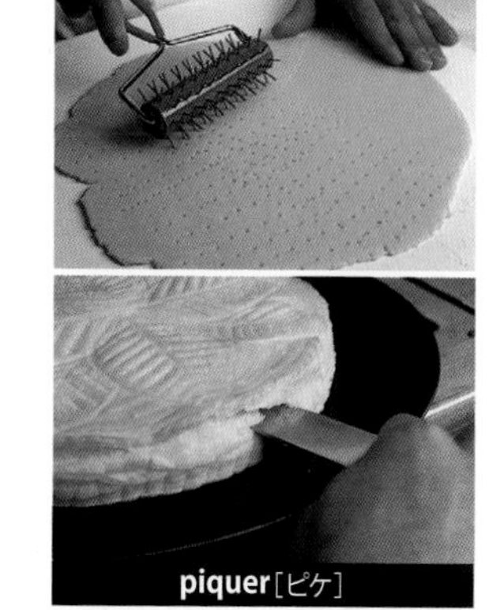

piquer［ピケ］

poêler［ポワレ］

poudrer［プドレ］

pousser［プセ］poo-say
他 按壓、提高
自 膨脹
＊pâte poussée crémée〔パート プセ クレメ〕利用奶油乳霜特性，使其膨脹之麵團。pâte poussée (battue)〔パート プセ （バテュ）〕利用泡打粉使其膨脹之麵團。
→ **battre**

prendre［プラーンドル］phranh-dhr
（過分・形 **pris**［プリ］/ **prise**［プリーズ］）
自 凝固、凍結
＊laisser prendre au frais〔レセ～オフレ〕冷卻凝固。
→ **frais** (P45)
他 以手拿取、乘坐交通工具、拿取飲料食物

préparer［プレパレ］phray-pah-hray
他 烹調、準備
⇒ **préparation**［プレパラスィヨン］陰 烹調方法、預備作業

présenter［プレザンテ］phray-zanh-tay
他 裝盛、提示
⇒ **présentation**［プレザンタスィヨン］陰 裝盛、介紹表現

presser［プレセ］phray-say
他 壓榨

pulvériser［ピュルヴェリゼ］
pewl-vay-hree-zay
他 噴霧（噴砂）、用噴槍 **pistolet** 噴撒上巧克力等
→ **pistolet** (P73)

puncher［ポンシェ］ponh-chay
他 使（糖漿等）滲入其中。使其濕潤
＝ **imbiber**
→ **punch** (P123)

Q

quadriller［カドリエ］kah-dhree-yeh
他 劃出格子圖紋
※切成帶狀的派餅麵團，在塔餅表面斜向交差地擺放。在塗抹了蛋白霜或奶油餡的表面，以加熱過的鐵棒炙燒出斜向的格子圖紋。

R

rabattre［ラバトル］hrah-bathr
他（過分 **rabattu / rabattue**［ラバテュ］）反折、發酵麵團壓平排氣

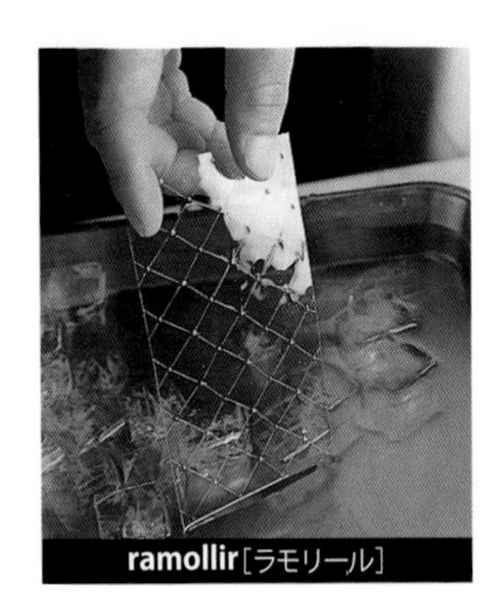
ramollir［ラモリール］

racler［ラクレ］hrah-klay
他 乾淨地刮落麵團等不餘留地整合
→ **raclette** (P64)
＝ **corner**

ramollir［ラモリール］hrah-moh-leer
他 用冷水還原明膠、柔軟奶油等等

ranger［ランジェ］hranh-zhay
他 排放
＊ranger les poires coupées en quartier(s)〔～レポワールクペアンカルティエ〕排放切成半月型的洋梨。

râper［ラペ］hrah-pay
他 將堅果、起司、柑橘類等的表皮削除或磨成屑狀

＊noix de coco râpée〔ノワドココラペ〕椰子薄片（磨削的椰肉）。

rayer［レイエ］hray-yeh

他 劃線、在刷塗雞蛋的麵團表面以刀子或叉子尖端劃出線條

※刷塗雞蛋的派皮麵團表面，斜向切入刀刃描繪出線條。劃切麵團層，放入烘烤時就會呈現出圖紋。（上方照片）。

※在絞擠後塗上雞蛋的閃電泡芙麵團上，以叉子劃出線條。沿著線條產生裂紋，就能膨脹成漂亮的圓筒形狀（下方照片）。

→ **dorure** (P107)

réchauffer［レショフェ］hray-sho-fay

他 重新溫熱

recouvrir［ルクヴリール］hruh-koo-vreer

他（過分 **recouvert**［ルクヴェール］／**recouverte**［ルクヴェルト］）覆蓋、加蓋

＝ **couvrir**

réduire［レデュイール］hray-dweehr

他（過分 **réduit**［レデュイ］／**réduite**［レデュイット］）熬煮

＊réduire à sec〔～アセック〕熬煮至水分消失

réduire à un tiers〔～アティエール〕熬煮成三分之一。

refroidir［ルフロワディール］

hruh-frwa-deehr

他 冷卻

自 放涼

＊laisser refroidir et réserver au frais〔レセ～エレゼルヴェオフレ〕冷卻後放置冷藏室。

→ **frais** (P45)

remettre［ルメトル］hruh-methr

他（過分 **remis**［ルミ］／**remise**［ルミーズ］）放回（原來之場所）

râper［ラペ］

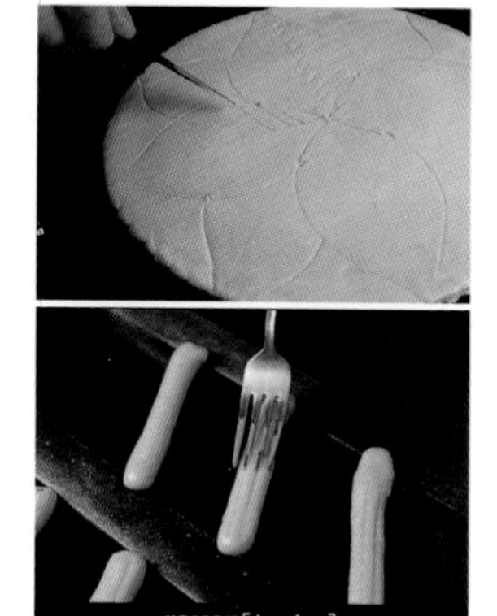
rayer［レイエ］

remplir［ランプリール］hranh-pleehr

他 滿溢、完全放滿

＊remplir le moule aux 3/4〔～ルムゥルオトロワカール〕放至模型的四分之三。

remuer [ルミュエ]

replier [ルプリエ]

remuer[ルミュエ]hruh-mew-ay

他 攪拌混合、混拌

＊ verser le lait bouillant en remuant〔ヴェルセル レ ブイヤン アン ルミュアン〕邊攪拌混合邊加入煮至沸騰的牛奶。

※**remuant**是**remuer**的現在分詞（表示現在進行式（持續混拌）、也可作爲形容詞用以修飾名詞。**remuant**的陰性形是**remuante**［ルミュアーント］）。

→ **bouillant** (P43)

renverser[ランヴェルセ]hrenh-vehr-say

他 翻面

→ **crème renversée** (P106)

replier[ルプリエ]hruh-plee-yeh

他 反折、折疊

＊ replier le tiers de l'abaisse〔~ルティエール ド ラベス〕反折三分之一麵團。

→ **abaisse** (P97)

reposer[ルポゼ]hruh-po-zay

1. 他 使其靜置
2. 自 休假、休息

＊ laisser reposer pendant 10 minutes〔レセ ~パンダン ディ ミニュット〕使其靜置10分鐘。

→ **pendant** (P153 附錄 在食譜等經常被用作爲前置詞、接續詞等)

réserver[レゼルヴェ]hray-zehr-vay

他 1. 取出放置

＊ réserver au chaud〔~オ ショ〕放置保溫。réserver au froid〔~オ フロワ〕放至涼冷處（冷藏室）。

2. 預約

retirer[ルティレ]hruh-tee-ray

他 1. **retirer de A** ：從**A**取下

＊ retirer du feu〔~デュ フ〕離火。

2. 取出

retourner[ルトゥルネ]hruh-toor-nay

他 1. 翻面、翻轉

2. 攪拌混合

rôtir[ロティール]hroh-teehr

他 烘烤、以大型塊狀放入烤箱烘烤

rouler[ルレ]hroo-lay

他 捲起、轉動

→ **roulé** (P124)

sabler[サブレ]sah-blay 📷

他 不添加液體地搓合油脂和粉類，使其成爲鬆散狀態（砂狀）

＊sabler rapidement entre les mains le tout〔～ラピドマンアントルレマンルトゥ〕在兩手掌間迅速地將全部（的材料）搓合成鬆散狀態。

⇒ **sable**［サーブル］陽 砂

⇒ **sablage**［サブラージュ］陽 成爲鬆散狀態

→ **pâte brisée, pâte sablée** (以上P120)

saler[サレ]sah-lay

他 成爲鹹味、添加鹽

saupoudrer[ソプドレ]soh-poo-dhray

他 撒放（粉狀物）

※特別指的是在完成時撒放糖粉、可可粉等。

＝ **poudrer**

sauter[ソテ]soh-tay

他 煎炒、用大火燒烤

sécher[セシェ]say-shay 📷

他 晾乾、使其乾燥

→ **blancs d'œufs séchés** (P75)

→ **sec** (P46)

séparer[セパレ]say-pah-hray

他 分開

→ **séparément** (P38)

serrer[セレ]say-hray 📷

他 在完成蛋白霜時，以攪拌器強力混拌以緊實氣泡

souffler[スフレ]soo-flay

自（過分・形 **soufflé / soufflée**）呼氣或吹入空氣

＊sucre soufflé〔スュクルスフレ〕吹糖、糖工藝

→ **soufflé** (P126)

sucrer[スュクレ]sew-khray

他 添加砂糖

sabler[サブレ]

sécher[セシェ]

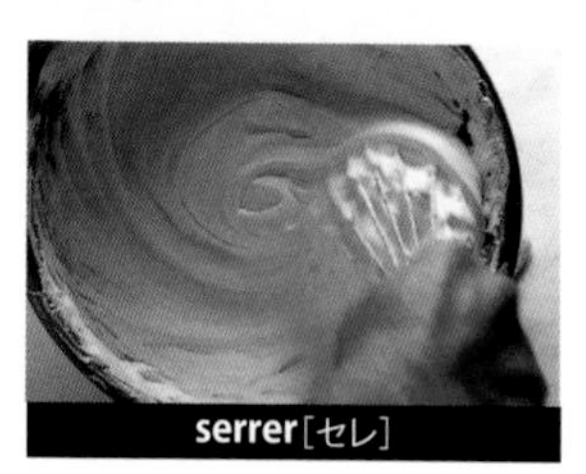

serrer[セレ]

surgeler[スュルジュレ]sewhr-zhuh-lay
[他]急速冷凍

tabler[タブレ]tah-blay
[他]桌面調溫
※在大理石的工作檯上，推開巧克力邊使其冷卻邊進行溫度調整，就稱之爲「桌面調溫」。
⇒ **tablage**[タブラージュ][陽]桌面調溫
→ **tempérer**

tamiser[タミゼ]tah-mee-zay
[他] 1.過篩、過濾網篩
＊tamiser ensemble la farine et la fécule〔～アンサーンブル ラ ファリーヌ エ ラ フェキュル〕混合麵粉和澱粉過篩。
→ **ensemble** (P37)
2.過濾
→ **tamis** (P66)

tamponner[タンポネ]tonh-poh-nay
[他] 1.將小片奶油放置於熱奶油餡或醬汁表面（放置後推散）
※奶油融化後使其形成薄膜，以防止乾燥等。
2.砰砰地輕輕敲扣、擦拭
※爲使舖入塔餅模型的麵團能貼合，以小型圓物體按壓多餘麵團，使其貼合模型的步驟。

tapisser[タピセ]tah-pee-say
[他]貼合

tempérer[タンペレ]tenh-pay-hray
[他]調溫、溫度調節、使其成爲最適宜的溫度
⇒ **tempérage**[タンペラージュ][陽]（巧克力的）調溫
※巧克力經由調溫而更有光澤也更能長期保存。

tabler[タブレ]

tamiser[タミゼ]

tirer[ティレ]

tirer[ティレ]tee-hray
[他]拉
→ **sucre tiré** (P126)
＝ **étirer**

tomber[トンベ]tonh-bay
[他]拌炒至軟化
＊faire tomber les pommes au beurre〔フェール～レ ポム オ ブール〕用奶油將蘋果拌炒至軟化。
[自]落下、軟化

torréfier[トレフィエ]toh-hray-fyeh

他 煎、煎焙

tourer[トゥレ]too-hray 📷

他（製作折疊派皮麵團時）基本麵團（包覆麵團）中折入奶油

※三折疊後擀壓的步驟。

⇒ **tourage**［トゥラージュ］陽 折疊作業、將奶油折疊進入的步驟

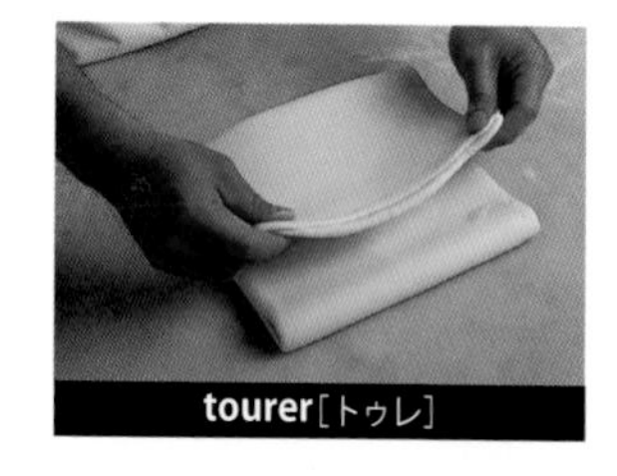
tourer[トゥレ]

tourner[トゥルネ]toohr-nay

他 整型發酵麵團。邊將蔬菜或水果去皮，邊整合其表面形狀。混拌

自 旋轉。變化

trancher[トランシェ]thranh-shay

他 切分

※用於將蛋糕或派餅等糕點切分成漂亮外形時。

＝ **découper**

travailler[トラヴァイエ]thrah-vah-yeh 📷

他 混拌、揉和

＊travailler le sirop〔～ル スィロ〕混拌糖漿（製作翻糖（風凍）fondant時將熬煮過的糖漿傾倒在工作檯上，稍待放涼後強力攪拌使其變白並再次結晶）。

自 動作

travailler[トラヴァイエ]

tremper[トランペ]thranh-pay 📷

他 1.（覆蓋、翻糖（風凍）等）澆淋、包覆

2.（於糖漿等液體中）浸泡、使其沾裹

＊tremper les savarins dans le sirop〔～レ サヴァラン ダン ル スィロ〕將薩瓦蘭蛋糕浸於糖漿中。

tremper[トランペ]

trier[トリエ]three-yeh

他（以材料的大小、形狀）進行的區分、選別。除去多餘的部分

turbiner[テュルビネ]tewhr-bee-nay

他 啓動冰淇淋製作機

→ **sorbétière** (P60)

utiliser[ユティリゼ]ew-tee-lee-zay

他 利用、使用

V

vaniller[ヴァニエ]vah-nee-yeh

他 添加香草風味

→ **sucre vanillé** (P77)

vanner[ヴァネ]vah-nay

他（用刮杓或攪拌器不時地）攪拌混合

※奶油餡或醬汁等至降溫爲止，爲避免分離或表面形成薄膜而進行的步驟。

verser[ヴェルセ]vehr-say

他 傾注、注入

※加入液體或具流動性之物質。

＊verser le sucre cuit en filet〔～ルスュクルキュイアン フィレ〕糖漿以線狀加入（製作炸彈麵糊或義大利蛋白霜時，邊攪拌打發雞蛋，邊少量逐次地混拌細細滴入高溫熬煮的糖漿）。

→ **sucre cuit** (P15・**cuire**)

vider[ヴィデ]vee-day

他 挖下果肉、用去核器**videpomme**去籽或去芯

＝ **évider**

→ **vide-pomme** (P72)

程度或狀況

beaucoup[ボク]boh-koo

副多、多的

＊faire cuire avec beaucoup de graisse〔フェール キュイール アヴェック～ド グレス〕用大量油脂燒烤。

→ 附錄 計數方法（P156）

bien[ビヤン]bee-enh

副充分地、順利地

＊bien mélanger〔～メランジェ〕充分地混拌。

délicatement[デリカトマン]

day-lee-kaht-manh

副微妙地、慎重地

＊étendre délicatement la meringue sur la tarte〔エターンドル～ラ ムラーング シュル ラ タルト〕在塔餅上輕巧地推開蛋白霜（為避免損及表面地小心推展塗抹）。

doucement[ドゥスマン]doos-manh

副緩慢地

＊cuire doucement〔キュイール～〕緩慢地使其完全受熱。

énergiquement[エネルジクマン]

ay-nehr-zheek-manh

副用力地、強力地

＊battre énergiquement au fouet〔バトル～オ フウェ〕以攪拌器強力地攪拌。

ensemble[アンサーンブル]anh-sanhbl

副一起、全體

＊faire sauter ensemble dans une poêle〔フェール ソテ～ダン ジュンヌ ポワル〕以平底鍋一起拌炒。

environ[アンヴィロン]anh-vee-hronh

副大約、約略

＊20 minutes environ〔ヴァン ミニュット～〕約20分鐘。

finement[フィヌマン]feen-manh

副細小地

＊hacher finement〔アシェ～〕細細地切碎。

fortement[フォルトマン]fohrt-manh

副強力地

hermétiquement[エルメティクマン]

ehr-may-teek-manh

副密封

＊fermer hermétiquement〔フェルメ～〕密封。

légèrement[レジェルマン]lay-zhehr-manh

副輕輕地、少少地

＊fariner légèrement〔ファリネ～〕輕輕地撒下麵粉加入。

peu[プ]puh

副少

＊un peu de...〔アン～ド〕少量的…。

plus[プリュ]plew

副 1.更多、更

2.已經～不

progressivement
[プログレスィヴマン]phroh-gray-seev-manh
副徐徐地
＊abaisser progressivement la température du sirop〔アベセ～ラ タンペラテュール デュ スィロ〕糖漿的溫度徐徐地降低。

rapidement[ラピドマン]hrah-peed-manh
副迅速、儘早
＊mélanger rapidement la farine et le beurre〔メランジェ～ラ ファリーヌ エル ブール〕麵粉和奶油儘速地混合。

séparément[セパレマン]
say-pah-hrah-manh
副各別地
＊ajouter séparément〔アジュテ～〕各別地加入。

simplement[サンプルマン]
senh-pluh-manh
副簡單地、僅

soigneusement[ソワニュズマン]
swa-nyuhz-manh
副仔細地、用心地
＊trier soigneusement les framboises〔トリエ～レ フランボワーズ〕用心地挑選出覆盆子。

souvent[スヴァン]soo-vanh
副屢屢

suffisamment[スュフィザマン]
sew-fee-zah-manh
副充分地
＊la crème suffisamment réfrigérée〔ラ クレム～レフリジェレ〕在冷藏室內充分冰涼的鮮奶油。
＊réfrigéré是動詞réfrigérer[レフリジェレ]的過去分詞。因是修飾crème，所以是陰性。

toujours[トゥジュール]too-zhoohr
副總是

très[トレ]thray
副很、非常

uniquement[ユニクマン]
ew-neek-manh
副僅、只

vite[ヴィット]veet
副快速、迅速

vivement[ヴィヴマン]veev-manh
副用力、充分
＊mixer vivement pendant 5 min〔ミクセ～パンダン サン ミニュット〕用力且充分地以攪拌機攪拌5分鐘。

形態或狀態

味道

acide[アスィッド]ah-seed
形酸的、有酸味的　(陽酸)
＊ crème acide〔クレム～〕酸奶油。
→ **acide citrique** (P94)

acidulé / acidulée[アスィデュレ]
ah-see-dew-lay
形略有酸味

amer / amère[アメール]ah-mehr
形苦的、有苦味
＊ orange amère〔オラーンジュ～〕苦橙。

bon / bonne[ボン／ボンヌ]bonh / bohn
形好的、優質的、好吃的
※ **meilleur**[メイユール]更好的、**moins bon**[モワン～]更差的
⇔ **mauvais**

délicat / délicate[デリカ／デリカット]
day-lee-kah / day-lee-kaht
形纖細的、易損傷的

délicieux(單複同形) / **délicieuse**[デリシュウ／デリシューズ]
day-lee-sewh / day-lee-sewhz
形好吃的
※名詞化後也用於糕點名稱。

doux(單複同形) / **douce**[ドゥ／ドゥース]doo / doos
形甜的、味道淡薄(溫和)、舒緩的、滑順的、溫暖的＝ chaud、柔軟的、穩重的
＊ patate douce〔パタート～〕甘薯、cuire à feu doux〔キュイールアフ～〕以小火燒煮、烘烤。
⇒ **douceur**[ドゥスール]陰甜的、甜的東西、糕點

goût[グゥ]goo
陽味道、味覺

mauvais(單複同形) / **mauvaise**[モヴェ／モヴェーズ]
moh-vay / moh-vayz
形壞的、不好吃的、不舒服的
⇔ **bon**

piquant / piquante[ピカン／ピカーント]
pee-kanh / pee-kanht
形麻辣辣的、辣的(**piquer**的現在分詞)
→ **piquer** (P28)

salé / salée[サレ]sah-lay
形鹹味的、添加食鹽的(saler的過去分詞)
＊ le beurre salé〔ルブール～〕含鹽奶油。
→ **saler** (P33)
→ **sel** (P95)

saveur[サヴール]sah-vuhr
陰味道、風味

sucré / sucrée[スュクレ]sew-khray
形 (**sucrer**的過去分詞)甜的、添加砂糖的
→ **sucre** (P76) , **sucrer** (P33)

顏色

argent[アルジャン]ahr-zhanh
形銀色的 (陽銀、錢)

blanc / blanche[ブラン／ブラーンシュ]
blanh / blanhsh
形白色的 (陽白色、蛋白)
＊ cuire à blanc〔キュイールア～〕空燒。

bleu / bleue[ブル]bluh
形藍色的 (陽藍色、藍紋起司)

blond / blonde[ブロン／ブローンド]
blonh / blonhd
形淺棕色的、金色的 (陽金黃色)

brun / brune[ブラン／ブリュンヌ]
bhruhnh / bhrewn
形褐色的、茶色的 (陽茶色)

clair / claire[クレール]klehr
形明亮、淡的
⇔ **foncé**

couleur[クルール]koo-luhr
陰顏色

foncé / foncée[フォンセ]fonh-say
形濃的、暗的
⇔ **clair**

gris / grise[グリ／グリーズ]ghree / ghreez
形灰色的 (陽灰色、灰)

ivoire[イヴォワール]ee-vwahr
形象牙色的 (陽象牙、象牙色、ivory)
＊chocolat ivoire〔ショコラ～〕白巧克力。

jaune[ジョーヌ]zhohn
形黃色的、黃色 (陽黃色、蛋黃＝**jaune d'œuf**(P75))

marron[マロン]mah-hronh
形栗子色的 (陽栗子)

neutre[ヌートル]nuh-thr
形沒有特徵、中間的
＊nappage neutre〔ナパージュ～〕透明的鏡面果膠。

noir / noire[ノワール]nwahr
形黑的 (陽黑的)

or[オール]ohr
陽金、黃金。金色
＊feuille d'or〔フイユドール〕金箔。
→ **dorer** (P17。也有成為金色的意思)

pâle[パール]pahl
形顏色淡薄、青白的
⇔ **foncé**

rose[ローズ]hrohz
形玫瑰色的、粉紅色的 (陽玫瑰色、陰玫瑰

rosé / rosée[ロゼ]hroh-zay
形玫瑰色的、粉紅色的 (陽粉紅葡萄酒)

rouge[ルージュ]hroozh
形紅的 (陽紅、口紅)

roux(單複同形) **/ rousse**[ルゥ／ルッス]
hroo / hroos
形紅褐色的 (陽 (**roux**)紅褐色。油糊：用等量的麵粉與奶油拌炒製作而成。增添醬汁或湯品的稠度、用於舒芙蕾的基底)
→ **sucre roux** (P77)

vert / verte[ヴェール／ヴェルト]
vehr / vehrt
形 1.綠色的 (陽綠色、綠色的部分)
2.(水果等)尚未成熟的

violet / violette[ヴィオレ／ヴィオレット]
vyoh-leh / vyoh-leht
形紫的、紫羅蘭色的 (陽紫色／陰紫羅蘭)

形狀・大小

angle[アングル]anh-gl
陽角、角度

bande[バーンド]banhd
陰膠帶、帶子
＊bande aux pommes〔～オポム〕蘋果的派餅、bande aux fruits〔～オフリュイ〕水果的派餅。

※切成細長長方形的折疊派皮，兩端與帶狀麵團重疊，中央填入奶油餡和水果後，烘烤而成的方形派餅。

bâton［バトン］bah-tonh
陽 棒、棒狀物
→ 附錄 計數方法 (P157)

bâtonnet［バトネ］bah-toh-nay
陽 小的棒狀物
※比 **bâton** 更細的棒狀。

biais(單複同形)［ビエ］byeh
陽 斜
＊dresser en biais〔ドレセ アン～〕斜向盛放。

boule［ブゥル］bool
陰 球、圓球
＊boule de neige〔～ドネージュ〕雪球餅。
※麵團烘烤成圓形球狀，撒上糖粉的餅乾。
→ **bouler** (P12)

carré / carrée［カレ］kah-hray
形 四角的、正方形的（陽 四角、羔羊等的帶骨背肉）

cône［コーン］kohn
陽 圓錐形、(植物的)毬果（＝所謂的松毬）
＊cône de pignon〔～ドピニョン〕松毬。
→ **corne** (P64) ，**cornet** (P66)

cordon［コルドン］kohr-donh
陽 帶子、緞帶（**en cordon**：成爲帶狀）

couronne［クロンヌ］koo-hrohn
陰 王冠
※指輪狀、圈狀。
＊dresser en couronne〔ドレセアン～〕盛裝為王冠狀。

court / courte［クール／クゥルト］
koohr / koohrt
形 短的
⇔ **long**

cube［キュブ］krewb
陽 立方體
＊sucre en cube〔スュクルアン～〕方糖。

dé［デ］day
陽 小方丁、骰子
＊couper en dés〔クペアン～〕切成小方丁。

disque［ディスク］deesk
陽 圓盤

dôme［ドーム］dom
陽 圓頂狀
＊en dôme〔アン～〕成為圓頂狀。

entier / entière
［アンティエ／アンティエール］
anh-tyeh / anh-tyehr
形 全體的、全部的、(糕點)整個的（陽 全體）

épais(單複同形) **/ épaisse**
［エペ／エペス］ay-pay / ay-pehs
形 1. 厚的、胖嘟嘟的
⇔ **mince**
2.（濃度）濃、濃厚的
⇔ **léger** (P45)

étroit / étroite［エトロワ／エトロワット］
ay-thrwa / ay-thrwat
形 狹窄的、窄緊
⇔ **large**

fontaine［フォンテーヌ］fonh-tehn
陰 水泉
＊faire une fontaine dans la farine〔フェール ユンヌ～ダン ラ ファリーヌ〕在工作檯上推展開的麵粉，使中央形成凹陷（在麵粉中央製作出水泉）。

forme［フォルム］fohrm
陰 形、形狀

grand / grande［グラン／グラーンド］
ghranh / ghranhd
形 大的
⇔ **petit**

granuleux(單複同形) **/ granuleuse**
[グラニュルゥ／グラニュルーズ]
ghrah-new-luh / ghrah-new-luhz
形 顆粒的、粒狀的

gros(單複同形) **/ grosse**
[グロ／グロース]ghroh / ghrohs
形 1.粗的、大的
⇔ **maigre 2.** (P45)
2.大的
⇔ **petit**
3.粗的
⇔ **fin** (P44)

hémisphère[エミスフェール]ay-mees-fehr
陽 半圓

individuel / individuelle
[アンディヴィデュエル]enh-dee-vee-dew-ehl
形 一人份的、個人的
＊gâteau individuel〔ガト～〕（一個）一人份的糕點、小型的糕點。

julienne[ジュリエンヌ]zhew-lyehn
陰 切成細絲
＊couper en julienne〔クペ アン～〕切成細絲。

lamelle[ラメル]lah-mehl
陰 薄片
＊couper en lamelle〔クペ アン～〕切成極薄的薄片。

lanière[ラニエール]lah-nyehr
陰 帶子
＊découper le feuilletage en lanière〔デクペル フイユタージュ アン～〕折疊派皮麵團切成帶狀。
＊lanières d'écorce d'orange confite〔～デコルス ドラーンジュ コンフィット〕切成帶狀的糖漬橙皮。

large[ラルジュ]lahr-zh
形 寬幅的寬度 (陽 寬度)
⇔ **étroit**

liquide[リキッド]lee-keed
形 液體狀的 (陽 液體)
→ **solide**
⇒ **gaz** [ガズ] 陽 氣體 、**gel** [ジェル] 陽 膠狀

long / longue[ロン／ローング]
lonh / lonhg
形 長的
⇔ **court**

losange[ロザーンジュ]loh-zanhzh
陽 菱形

mince[マーンス]menhs
形 (厚度) 薄、細
⇔ **épais**

moulu / moulue[ムリュ]moo-lew
形 碾磨過的、製成粉末的
＊poivre moulu〔ポワーヴル～〕碾磨過的胡椒。

ovale[オヴァル]o-vahl
陽 蛋形、橢圓形 (形 蛋形的)

petit / petite[プティ／プティット]
puh-tee / puh-teet
形 小的、少的
⇔ **grand**

plat / plate[プラ／プラット]plah / plaht
形 平的 (陽 平坦的部分。料理、盤子)。(水) 不含碳酸氣體

pyramide[ピラミッド]pee-hrah-meed
陰 金字塔、四角錐狀

rectangle[レクターングル]hrehk-tanhgl
陽 長方形

rond / ronde[ロン／ローンド]
hronh / hronhd
形 圓的、球體的 (陽 圓)

rondelle[ロンデル]hronh-dehl
陰 切成圓片、圓形邊緣開始切成薄片

＊rondelle de citron〔～ドスィトロン〕檸檬的圓切片。

rosace[ロザス]hroh-zahs
陰玫塊圖案
＊en rosace〔アン～〕成為玫瑰圖案、成為玫瑰形狀。

ruban[リュバン]hrew-banh
陽緞帶、緞帶狀（帶狀）
→ **cordon**

solide[ソリッド]soh-leed
形固體的、頑強的　(陽固體)

sphérique[スフェリック]sfay-hreek
形球形的、圓的

tablette[タブレット]tah-bleht
陰 1.板、板狀物
2.錠劑、片劑
→ **tablette de chocolat** (P94)

tranche[トラーンシュ]thranh-sh
陰薄切片
＊tranche napolitaine〔～ナポリテーヌ〕拿坡里三色凍糕。
※三色冰淇淋重疊後放入模型凝固而成的糕點。
→ **trancher** (P35)

triangle[トリヤーングル]three-yanhgl
陽三角形
→ **palette triangle** (P71)
→ **triangulaire**

triangulaire[トリヤンギュレール]
three-yanh-gew-lehr
形三角形
→ **triangle**

tronçon[トロンソン]thronh-sonh
陽筒狀切片

狀態・其他的形容

abondant / abondante[アボンダン／アボンダーント]ah-bonh-danh / ah-bonh-danht
形豐富的、豐饒的
⇒ **abondance**[アボンダンス]陰豐富、豐饒的
＊corne d'abondance〔コルヌ ダボンダンス〕豐饒之角。
※烘烤成圓錐形的基底盛裝了各色奶油餡和水果的點心。

alimentaire[アリマンテール]
ah-lee-manh-tehr
形食品的、食物的
→ **additif alimentaire** (P94)

ancien / ancienne[アンスィヤン／アンスィエンヌ]anh-syenh / anh-syehn
形過去的、舊式的
＊tarte à l'ancienne〔タルト ア ランスィエンヌ〕舊式的塔餅。
⇔ **moderne, nouveau**

beau, bel(同時也是[複]**beaux**) / **belle**[ボ、ベル([複] ボ)／ベル]boh / behl
形美麗的、漂亮的、優雅的

bouillant / bouillante
[ブイヤン／ブイヤーント]boo-yanh / boo-yanht
形沸騰的
→ **bouillir** (P12) , **eau** (P90)

brillant / brillante[ブリヤン／ブリヤーント]bhree-yanh / bhree-yanht
形具有光澤的、閃耀的

brut / brute[ブリュット]bhrew / bhrewt
形自然狀態的、(葡萄酒等)辛口的
→ **amandes brutes** (P78)

candi / candie［カンディ］kanh-dee
形 結晶。糖漬。澆淋了糖衣。
→ **candir** (P13)

cannelé / cannelée［カヌレ］kahn-lay
形 具有溝槽的、有著溝槽的
→ **douille cannelée** (P67)
→ **moule à cannelé** (P51)

chaud / chaude［ショ／ショッド］
shoh / shohd
形 溫的、熱的
＊eau chaude〔オ～〕熱湯、chocolat chaud〔ショコラ～〕熱巧克力。
⇔ **froid**

chimique［シミック］shee-meek
形 化學的
→ **levure chimique** (P95)

classique［クラスィック］klah-seek
形 古典的、傳統的

crémeux(單複同形) **/ crémeuse**
［クレムゥ／クレムーズ］khreh-muh / khreh-muhz
形 奶油餡狀的、含大量奶油餡的
※用於更爲柔軟的奶油餡或慕斯的名稱時。

croquant / croquante
［クロカン／クロカーント］khro-konh / khro-konht
形 咀嚼時卡啦卡啦的聲音、卡啦卡啦的、啪哩啪哩的
→ **croquer** (P15)，**croquant** (P106)

croustillant / croustillante
［クルスティヤン／クルスティヤーント］
khroos-tee-yanh / khroos-tee-yanht
形 啪哩啪哩的、卡啦卡啦的

cru / crue［クリュ］khrewh
形 生的
＊ajouter à cru〔アジュテ ア～〕以生的狀態加入。

droit / droite［ドロワ／ドロワット］
drwa / drwat
形 筆直、垂直的（副 筆直地）

dur / dure［デュール］dewhr
形 堅硬
＊œuf dur〔ウフ～〕煮硬的雞蛋。
⇔ **mou, tendre**

ébullition［エビュリスィヨン］ay-bew-lee-syonh
陰 沸騰
＊à ébullition〔ア～〕成為沸騰狀態。
＊porter à ébullition〔ポルテ ア エビュリスィヨン〕, mettre en ébullition〔メトル アン エビュリスィヨン〕, faire prendre l'ébullition〔フェール プラーンドル レビュリスィヨン〕使其沸騰。

exotique［エグゾティック］ehg-zo-teek
形 外國產的、異國風情的
→ **fruit exotique** (P81)

facultatif / facultative
［ファキュルタティフ／ファキュルタティヴ］
fah-kewl-tah-teef / fah-kewl-tah-teev
形 任意的
※用於標示的材料可依個人喜好，或是有即可添加的情況。
＊ajouter du rhum facultatif〔アジュテ デュ ロム～〕若有，可添加蘭姆酒。

faible［フェーブル］fehbl
形 濃度較低的、脆弱的、虛弱的、少量的
⇔ **fort**

filet［フィレ］fee-lay
陽 線狀物、液體細細地流洩

fin / fine［ファン／フィーヌ］fenh / feen
形 細緻的、薄的、優質的
＊beurre fin〔ブール～〕優質的奶油。

fondant / fondante
[フォンダン／フォンダーント]fonh-danh / fonh-danht
形可融化的、像要溶化般
→ **fondant** (P109)

fondu / fondue[フォンデュ]fonh-dew
形融化了的、溶化的
＊le beurre fondu〔ルブール～〕融化的奶油。
→ **fondre** (P22) , **fondue** (P109)

fort / forte[フォール／フォルト]fohr / fohrt
形強的 ⇔ **faible**

frais(單複同形) / fraîche
[フレ／フレシュ]fhreh / freh-sh
形新鮮的、冰冷的
＊au (lieu) frais〔オ（リュ）～〕在陰涼處。
→ **lieu** (P48)
＊fruit frais〔フリュイ～〕新鮮水果（生鮮的水果）。

frémissant / frémissante
[フレミサン／フレミサーント]
fhray-mee-sanh / fhray-mee-sanht
形略微沸騰中
※也是 **frémir** 的現在分詞（現在進行式）。
＊verser l'eau ou le lait frémissant〔ヴェルセロウルレ～〕加入略微沸騰的水或牛奶。
→ **frémir** (P22)

froid / froide[フロワ／フロワッド]
fhrwa / fhrwad
形冰冷的、冷的 （副以冰冷狀態 陽冷度、寒冷、低溫）
＊eau froide〔オ～〕冷水、冰水。manger froid〔マンジェ～〕直接以冰涼狀態食用（不需加熱直接食用）。
⇔ **chaud**

gras(單複同形) / grasse
[グラ／グラース]ghrah / ghrahs
形脂肪成分多的、油膩的
⇔ **maigre**

humide[ユミッド]ew-meed
形潮濕了的
⇔ **sec**

léger / légère[レジェ／レジェール]
lay-zhay / lay-zhehr
形 1.輕的 ⇔ **lourd**
2.濃度稀薄 ⇔ **épais** (P41)

lisse[リス]lees
形滑順的、有光澤的
＊la partie lisse dessus〔ラ パルティ ～ ドゥスュ〕滑順的表面。
→ **lisser** (P25)
→ **macaron lisse** (P114)

lourd / lourde[ルール／ルールド]
loohr / loohrd 形重的
⇔ **léger**

maigre[メーグル]meghr
形 1.脂肪成分少的、輕量化的
⇔ **gras**
2.纖細的、瘦的
⇔ **gros** (P42)

moderne[モデルヌ]moh-dehrn
形現代的、最新式的、近代的
⇔ **ancien**

moelleux(單複同形) / moelleuse
[モワル／モワルーズ]mwah-luh / mwah-luhz
形柔軟的、柔和的
⇔ **dur**

mou, mol(同時是[複]mous) / molle
[ムゥ，モル([複] ムゥ)／モル]moo / mol
形柔軟的
⇔ **dur**

mûr / mûre［ミュール］mewhr
形（水果或蔬菜等）熟成的
⇔ **vert 2.** (P40)

nature［ナテュール］nah-tewhr
形 自然的、維持原狀的、無任何添加的
＊omelette nature〔オムレット～〕原味的蛋包。

naturel / naturelle［ナテュレル］
nah-tewh-hrehl
形 自然的、原來的、無添加的
陽 自然
※用於水果的水煮罐頭或瓶裝時，會使用 **au naturel** 的形態。
＊cerises au naturel〔スリーズ オ～〕水煮櫻桃。

neuf / neuve［ヌフ／ヌーヴ］nuhf / nuhv
形 新的
⇔ **vieux**

nouveau, nouvel（同時是［複］**nouveaux**）**/ nouvelle**［ヌヴォ，ヌヴェル（［複］ヌヴォ）／ヌヴェル］noo-voh / noo-vehl
形（冠於名詞前）新的、嶄新的（接於名詞之後名）最近出的、前所未見的、新型的
⇔ **ancien**

onctueux（單複同形）**/ onctueuse**
［オンクトゥ／オンクトゥーズ］
onhk-tew-uh / onhk-tew-uhz
形 滑順的、黏滑的

P

pailleté / pailletée［パイユテ］pahy-tay
形 鑲嵌亮片的、閃閃發亮眩目的、薄片的（陽 亮片、亮片般的薄片）
→ **pailleté chocolat** (P94), **pailleté feuilletine** (P118)

plusieurs［プルジュール］［複］plew-zyuhr
形（同時用於複數名詞時）幾個的～

profond / profonde［プロフォン／プロフォーンド］phro-fonh / phro-fonhd
形 深的

ras（單複同形）**/ rase**［ラ／ラーズ］hrah / hrahz
形 盛滿劏平、滿溢至邊緣
＊une cuillère à soupe rase de farine〔ユンヌ キュイエールア スップ～ド ファリーヌ〕盛平 1 大匙的麵粉。

riche［リシュ］hreesh
形 豐饒的、豐富的
＊fruit riche en vitamines〔フリュイ～アン ヴィタミーヌ〕富有維生素的水果。

sanitaire［サニテール］sah-nee-tehr
形 公共衛生的
＊génie sanitaire〔ジェニ～〕公共衛生學。
→ **hygiène** (P141)

sec / sèche［セック／セシュ］sehk / sehsh
形 1. 乾的
⇔ **humide**
2.（葡萄酒等）辛口的
⇔ **doux** (P39)
→ **sécher** (P33)

simple［サーンプル］senhpl
形 簡單的、單純的

supérieur / supérieure
［スュペリユール］sew-pay-rewhr
形 高級的

tendre［ターンドル］tanh-dhr
形 1. 柔軟的 ⇔ **dur**
2. 濃度緩減的 ⇔ **épais 2.** (P41)

tiède[ティエッド]tyehd
形溫的
＊eau tiède〔オ～〕溫熱的水

tout([複]**tous**) **/ toute**
[トゥ、トゥ(ス)／トゥット]too / too(s) / toot
形所有的、全部 (陽一切、全體)
副全然、完全
＊tous ingrédients〔～ザングレーディヤン〕所有的材料。
＊mettre les œufs dans la farine tout en travaillant〔メットルレズダンラファリーヌトゥタントラヴァイヤン〕邊混拌，邊在麵粉中加入雞蛋。

traditionnel / traditionnelle
[トラディスィヨネル]thrah-dee-syoh-nehl
形傳統的

translucide[トランスリュスィッド]
thranh-slew-seed
形半透明的

transparent / transparente
[トランスパラン／トランスパラーント]
thranhs-pah-hranh / thranhs-pah-hranht
形透明的、通透的

tropical([複]**tropicaux**) **/ tropicale**[トロピカル([複] トロピコ)／トロピカル]
throh-pee-kahl ([複] throh-pee-koh)/ throh-pee-kahl
形熱帶的、熱帶性的
＊fruit tropical〔フリュイ～〕熱帶水果。

tropique[トロピック]throh-peek
陽(複數形)熱帶地方、(單數形)南北回歸線

varié / variée[ヴァリエ]vah-hryeh
形變化豐富的、各式各樣物品的綜合拼盤
＊petits-fours variés〔プティフール～〕迷你蛋糕的綜合拼盤。

vieux, vieil
(同時是[複]**vieux**) **/ vieille**
[ヴィユ，ヴィエイユ([複] ヴィユ)／ヴィエイユ]vewh / vyehy
形舊的、年老的
⇔ **neuf**

vif / vive[ヴィフ／ヴィーヴ]veef / veev
形強的、激烈的
＊cuire à feu vif〔キュイールアフ～〕用大火熬煮、燒烤。
※ **à vif**：具有剝出的意思。
＊citron pelé à vif〔スィトロンプレア～〕外皮剝除至露出果肉的檸檬。

vrai / vraie[ヴレ]vhray
形眞的、眞品的

場所・位置

arrière[アリエール]ah-hryehr
陽後面、後方 (形後面的)
⇔ **avant**

autour[オトゥール]o-toohr
副周圍的
＊verser un cordon de sauce tout autour de l'assiette〔ヴェルセアンコルドンドソーストゥオトゥールドラスィエット〕盤子的周圍以醬汁滴流成線狀。

avant[アヴァン]ah-vanh
陽前面、前方 (形前面的 副前面地、跟前的 前前面的、跟前的、～前爲止)
⇔ **après** (P153 附錄在食譜等經常被用作爲前置詞、接續詞等)
⇔ **arrière**

bas(單複同形) **/ basse**[バ／バス]
bah / bahs
形低的 (副下面的、低的 陽低的地方)
⇔ **haut**

centre[サーントル]santhr
陽 中央、中心

coin[コワン]kwenh
陽 隅、角落

côté[コテ]ko-tay
陽 四週、側面

derrière[デリエール]deh-hryehr
陽 後面、後方、背後 (副 後面的 前 在～之後、以後)
⇔ **devant**

dessous[ドゥス]d(uh-)soo
副 下方
⇔ **dessus**

dessus[ドゥスュ]d(uh-)sewh
副 上方
⇔ **dessous**

devant[ドゥヴァン]duh-vanh / dvanh
陽 前面、前方 (副 前面的 前 在～之前、預先)
＊Chaud devant！〔ショ～〕小心。
※用於持燙熱物通過時。
⇔ **derrière**

endroit[アンドロワ]anh-drwa
陽 場所、居住之處。正面、表面
⇔ **envers**
＝ **lieu**

envers(單複同形)[アンヴェール]anh-vehr
陽 後面、裡面
⇔ **endroit**

extérieur / extérieure
[エクステリユール]ehks-tay-hryuhr
形 外面的、外部的 、 外側的、國外的 (陽 外部、屋外)
⇔ **intérieur**
→ **hors** 前 (P153 附錄 在食譜等經常被用作爲前置詞、接續詞等)

haut / haute[オ／オット]oh / oht
形 高的 (陽 上方深處、高度)
⇔ **bas**

horizontal([複]**horizontaux**) / **horizontale**[オリゾンタル([複] オリゾント)／オリゾンタル]
oh-hree-zonh-tahl ([複] oh-hree-zonh-toh
形 水平的、橫向的
⇒ **horizontalement**[オリゾンタルマン] 副 水平地、橫向地

intérieur / intérieure
[アンテリユール]enh-tay-hrewhr
形 中間的、內部的、內側的、國內的 (陽 內部、內部、內部裝潢、室內裝潢)
⇔ **extérieur**

lieu([複]**lieux**)[リュ]lewh
陽 場所
＝ **endroit**

milieu([複]**milieux**)[ミリュ]mee-lewh
陽 中央、正中央
＊au milieu de ...〔オ～ド〕在…的中央。

place[プラス]plahs
陰 場所、空間、廣場、規定的位置
＊mise en place〔ミザン～〕預備、準備。
→ **mettre** (P26) , **endroit**

surface[スュルファス]sewhr-fahs
陰 表面

vertical([複]**verticaux**) / **verticale**[ヴェルティカル([複] ヴェルティコ)／ヴェルティカル]
vehr-tee-kahl [複] vehr-tee-koh
形 垂直的
⇒ **verticalement**[ヴェルティカルマン] 副 垂直地、筆直地
→ **droit** (P44)

器具

衛生(相關用具)

cadre[カードル]

balai[バレ]bah-lay
陽 掃把

balai à frange[バレ ア フラーンジュ]
bah-lay ah fhranh-zh
陽 拖把

balai-brosse [バレブロス]bah-lay-bhrohs
陽 長柄刷

chiffon[シフォン]shee-fonh
陽 抹布、碎布
※英語中**chiffon**的語源是來自法文，意思也隨之不同。碎布的意思消失，轉指的是絹或薄可透視之尼龍等輕薄布料(戚風蛋糕**chiffon cake**[シフォン ケイク](英)，意思就是像那種布料般輕盈的蛋糕)。

éponge[エポーンジュ]ay-ponh-zhay
陰 海綿、刷子
→ **éponger** (P20)

lavette[ラヴェット]lah-veht
陰 清洗餐具用的刷子、布巾等
→ **laver** (P25)

lessive[レスィーヴ]lay-seev
陰 清潔劑

poubelle[プベル]poo-behl
陰 垃圾筒

sac[サック]sahk
陽 袋子

sac à poubelle, sac-poubelle
[サック ア プベル、サックプベル]
sah-kah-poo-behl , sahk-poo-behl
陽 垃圾袋

toile[トワル]twahl
陰 擦拭布巾、(綿、麻的)布巾、帆布材質

torchon[トルション]tohr-shonh
陽 擦拭布巾、抹布

模型

cadre[カードル]kadhr 📷
陽 框架、方型框架、方框模
※無底的方型模。

cercle[セルクル]sehr-kl 📷(→ P50)
陽 環型模
※無底的圈狀模。

cercle à entremets[セルクル ア アントルメ]sehr-kl ah enh-thruh-may 📷
陽 多層蛋糕用環型模、多層蛋糕框模

cercle à tarte[セルクル ア タルト]
sehrkl ah tahrt 📷
陽 塔餅用環型模、塔餅模

cercle, cercle à entremets
[セルクル]、[セルクル ア アントルメ]

cercle à tarte[セルクル ア タルト]

chablon[シャブロン]shah-blonh 📷
陽 壓模板
※在厚紙或薄金屬板上製作可以按壓出形狀的薄板狀模型。用於貓舌餅**langue-de-chat**法式奶油脆餅**croquignole**等，用麵糊整形製成薄片時。模板放置於烤盤上，由上方按壓麵糊後，脫去模型。
→ **langue-de-chat** (P113) , **croquignole** (P107)

dariole[ダリヨル]dah-hreeh-ol 📷
陰 芭芭模、杯型布丁模
※開口處略大的圓筒形模型。

Flexipan[フレキシパン]flehk-see-panh 📷
陽 Flexipan（商標）
※以矽膠樹脂和玻璃纖維製作，具彈力且麵團能輕易脫模。無需刷塗奶油或撒放手粉。耐冷、耐熱性高，可以連同模型一起放入冷凍，之後直接放入烤箱烘烤。

gaufrier[ゴフリエ]go-fhree-yeh 📷
陽 薄餅烤模、薄餅烘烤器

moule[ムゥル]mool
陽 模型
→ **mouler** (P27) ,**démouler** (P16) ,**chemiser** (P13) , **foncer** (P21)

moule à barquette
[ムゥル ア バルケット]mool ah bahr-keht 📷
陽 小的船型模
※長5～10cm的小型模。用於小塔餅、小糕點等。

moule à bombe
[ムゥル ア ボーンブ]mool ah bonhb 📷
陽 半圓模
※冰凍糕點用的金屬製模型。因其bombe（砲彈）的形狀而得名。實際上也有半球形或圓錐形等。

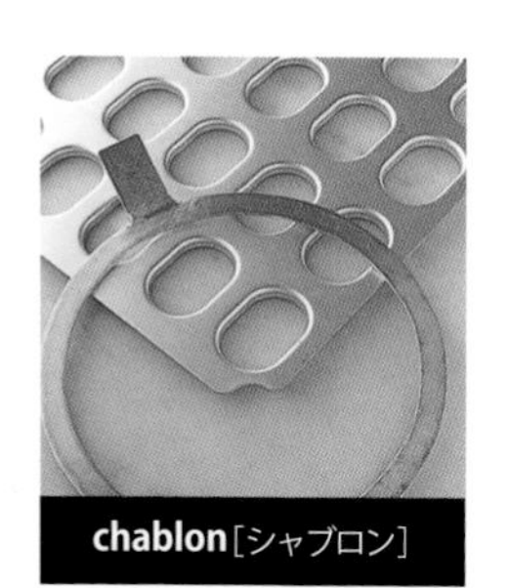

chablon［シャブロン］

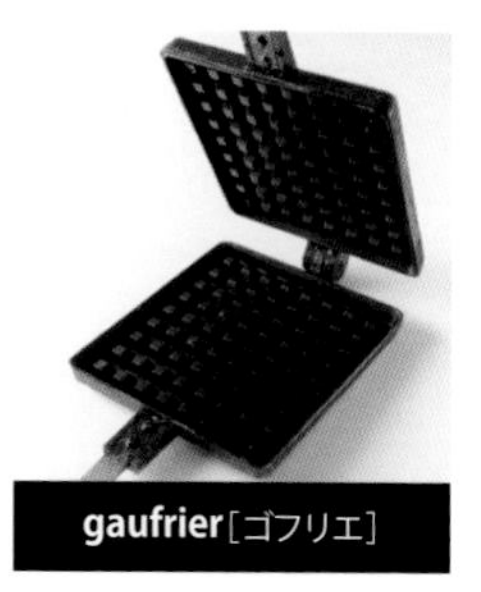

gaufrier［ゴフリエ］

moule à brioche［ムゥル ア ブリヨシュ］

dariole［ダリヨル］

moule à barquette［ムゥル ア バルケット］

moule à cake［ムゥル ア ケック］

Flexipan［フレキシパン］

moule à bombe［ムゥル ア ボーンブ］

moule à cannelé［ムゥル ア カヌレ］

→ **bombe galcée** (P99), **pâte à bombe** (P119)

moule à brioche

［ムゥル ア ブリヨシュ］mool ah bhree-osh

陽 皮力歐許模

※廣口的菊形深模，側面則有10或12甚至是14道溝紋。皮力歐許麵團會高聳地膨脹，是容易傳熱且側面容易受熱的形狀。

moule à cake［ムゥル ア ケック］

mool ah kehk

陽 蛋糕模

moule à cannelé［ムゥル ア カヌレ］

mool ah kahn-lay

陽 可麗露模

※小型圓筒模、由底部開始呈放射狀，與菊型模同樣具有溝槽。傳統模型是厚實的銅製模。

→ **cannelé de Bordeaux** (P102)

moule à charlotte
[ムゥル ア シャルロット]

moule à madeleine
[ムゥル ア マドレンヌ]

moule à savarin
[ムゥル ア サヴァラン]

moule à financier
[ムゥル ア フィナンスィエ]

moule à manqué
[ムゥル ア マンケ]

moule à soufflé
[ムゥル ア スフレ]

moule à kouglof
[ムゥル ア クグロフ]

moule à petits-fours
[ムゥル ア プティフール]

moule à tartelette
[ムゥル ア タルトゥレット]

moule à charlotte

[ムゥル ア シャルロット]mool ah shahr-loht

陽 夏露蕾特模

※雖然有大小各式尺寸，但一般是大型的，爲方便脫模時翻轉倒扣地具有把手。也有附蓋的模型。

→ **charlotte** (P102)

moule à financier

[ムゥル ア フィナンスィエ]

mool ah fee-nanh-syeh

陽 費南雪模

※也稱爲芙利安 friand 模。

→ **financier** (P108)

moule à kouglof

[ムゥル ア クグロフ]mool ah koo-glohf

陽 庫克洛夫模

※法國東北部或德國傳統的模型。本是陶製，以阿爾薩斯的製品最負盛名。中央處留有空洞，側面有斜向彎曲形狀的溝槽。

→ **kouglof** (P113)

moule à madeleine

［ムゥル ア マドレーヌ］mool ah mahd-lehn

陽 瑪德蓮模

※扇貝形狀的模型。

→ **madeleine** (P115)

moule à manqué

［ムゥル ア マンケ］mool ah manh-kay

陽 蒙克模

※manqué是海綿蛋糕的一種，原本就是爲了烘烤而製作出略爲廣口的圓型模。

moule à petits-fours

［ムゥル ア プティフール］

mool ah puh-tee-foohr

陽 小型糕點模

※可一口大小食用的烘烤糕點用模型。有各式各樣的形狀，像圓形、橢圓形、三角形、四方形、菊形等等。

→ **petit-four** (P121)

moule à savarin

［ムゥル ア サヴァラン］mool ah sah-vah-hrenh

陽 薩瓦蘭模

※大型模是環狀、小型模則是中央有著一半高的突起，無論哪一種烘烤完成時都是王冠形狀。

→ **savarin** (P125)

moule à soufflé［ムゥル ア スフレ］

mool ah soo-flay

陽 舒芙蕾模

※側面呈垂直狀的小圓筒形。經常使用可連同烤模一起端上餐桌的耐熱磁器。除了舒芙蕾之外，也可用在隔水烘烤的布丁等。焗烤皿 **ramequin** 則是小型用。

→ **soufflé** (P126)

moule à tartelette

［ムゥル ア タルトゥレット］mool ah tahr-tuh-leht

陽 小型塔餅模

※直徑約在12cm以內的小型塔餅模。

moule silicone

［ムゥル スィリコーヌ］mool see-lee-kohn

陽 矽膠樹脂製的模型

plaque à tuiles
［プラック ア テュイル］

plaque à tuiles

［プラック ア テュイル］plahk ah tweel

陰 瓦片餅乾模、鹿背模、樋型模

※薄薄烘烤完成的餅乾趁熱擺放在模型上，使其形成瓦片般的彎曲形狀。

＝ **gouttière**［グティエール］陰 帶有支架的鹿背模（上方照片）

→ **plaque** (P70)，**tuile** (P128)

ramequin［ラムカン］hrahm-kenh

陽 焗烤皿、舒芙蕾小型模

＝ **moule à soufflé**

terrine［テリーヌ］teh-hreen 📷

陰 1.法式凍派模
2.以法式凍派模製作的料理或糕點
※製作肉或魚肉凍使用的耐熱含蓋模型。除了長方形之外，也有橢圓形。用於糕點製作時，以這種模型蒸烤柔軟的巧克力麵團，或是在長形模中層疊水果等，以果凍液體使其凝固製作的點心，因爲使用了這種模型，也稱爲凍派。
＊terrine de fruits〔～ドフリュイ〕水果凍派。

terrine［テリーヌ］

timbale［タンバル］tenh-bahl 📷

陰 1.鼓型模（圓筒形的烤模、淺平模）
2.以圓筒形的折疊派皮麵團作爲基底，填入食材的料理或糕點

timbale［タンバル］

trois-frères［トロワフレール］
thrwa-fhrehr 📷

陽 三兄弟模、有斜向彎曲般溝槽的環形模
※trois-frères是三兄弟的意思，指的是活躍在十九世紀的朱利安三兄弟。他們所烘烤的糕點就稱爲trois-frères，而製作此糕點專用的環形模就稱爲三兄弟模。
→ **Julien, Arthur, Auguste et Narcisse** (P137)

trois-frères［トロワフレール］

模型或器具的材質

acier［アスィエ］ah-syeh

陽 鋼鑄物

aluminium［アリュミニヨム］
ah-lew-mee-nyom

陽 鋁、鋁合金

anti-adhérent, anti-adhésif
［アンティアデラン、アンティアデズィフ］
anh-tee-ah-day-hranh / an-tee-ah-day-zeef

陽 不沾黏加工、鐵氟龍加工
※薄鋼鑄物表面噴塗碳氟聚合物（Fluorocarbon Polymers）而成。即使不使用油脂也能讓食材不沾黏。鐵氟龍**Teflon**、特福**T-fal**、**Tefal**等是商標。

bois[ボワ]bwa
陽樹

caoutchouc[カウチュウ]kah-oo-shoo
陽橡膠

cuivre[キュイーヴル]kwee-vhr
陽銅

exopan [エグゾパン]ehg-zo-panh
陽不沾黏加工(鐵氟龍加工)過的模型
※「Teflon」是商標。

fer[フェール]fehr
陽鐵

fer-blanc([複]**fers-blancs**)[フェールブラン]fehr-blanh
陽馬口鐵
※鍍錫的薄金屬。熱傳導良好。

inox[イノックス]ee-nohks
陽不鏽鋼、不生鏽金屬
⇒ **inoxydable**[イノクスィダーブル]形不生鏽的陽不鏽鋼

plastique[プラスティック]plahs-teek
陽塑膠

porcelaine[ポルスレーヌ]pohr-suh-lehn
陰磁器

porcelaine à feu[ポルスレーヌ ア フ]
pohr-suh-lehn ah fuh
陰耐熱磁器

silicone [スィリコーヌ]see-lee-kohn
陰矽膠
→ **moule silicone** (P53), **papier silicone** (P70)

容器

assiette[アスィエット]ah-syeht
陰盤子、一盤的分量

assiette à dessert[アスィエット ア デセール]ah-syeht ah deh-sehr
陰點心盤

assiette creuse[アスィエット クルーズ]
ah-syet khruhz
陰深盤、湯盤
⇒ **creux** (單複同形) / **creuse** [クルー/クルーズ] 形凹陷的、深的

assiette plate[アスィエット プラット]
ah-syet plaht
陰平盤、主菜餐盤
→ **plat**

bocal([複]**bocaux**)[ボカル([複] ボコ)]
boh-kahl
陽廣口瓶
＊griottes en bocal〔グリヨット アン～〕瓶裝酸櫻桃(P82)。
→ **bouteille**

boîte[ボワット]bwat
陰箱、罐、罐裝
＊ananas en boîte〔アナナ(ス) アン～〕罐裝鳳梨。
→ **conserve** (P140)

bol[ボル]bol
陽缽、碗

bonbonnière[ボンボニエール]
bonh-bonh-nyehr
陰糖果盒、裝糖果的容器
※有玻璃・陶製等、附蓋子也能作爲裝飾。
→ **bonbon** (P99)

bouteille[ブテイユ]boo-tey
陰瓶

＊une bouteille de vin〔ユンヌ～ドヴァン〕葡萄酒1瓶（＝750ml）。

compotier［コンポティエ］konh-po-tyeh
陽 高腳果盤
※玻璃或陶製的高腳盤。盛裝糖煮水果或冰淇淋等冰涼的點心。大型高腳杯 **coupe**。
→ **coupe**

coupe［クップ］koop
陰 1. 高腳杯、高腳玻璃杯
2. 盛裝在高腳玻璃杯的點心
＊coupe glacée〔～グラセ〕在高腳玻璃杯中盛裝冰淇淋、雪酪、奶油餡、水果、醬汁和堅果等綜合點心。在日本而言就像是聖代般的點心。

flûte［フリュット］flewht
陰 1. 笛形杯、香檳杯
2. 比長棍麵包更細的麵包

panier［パニエ］pah-nyeh
陽 籃子
＊panier à friture〔～アフリテュール〕油炸濾網（籃）。
→ **friture**（P92）

planche［プラーンシュ］planh-sh
陰 板

plat［プラ］plah
陽 盤子、淺鍋

plat à gratin［プラタ グラタン］
plah ah ghrah-tenh
陽 焗烤盤

pot［ポ］poh
陽 壺
→ **pot de crème**（P123）

récipient［レスィピヤン］hray-see-pyanh
陽 容器、器具

table［ターブル］tahbl
陰 餐桌、桌子
→ **tabler**（P34），**tablage**（P34・**tabler**）

tasse［タス］tahs
陰 具把手的杯子、碗

verre［ヴェール］vehr
陽 玻璃杯、杯子
＊verre à feu〔～アフ〕耐熱玻璃杯。

設備

B

bamix（單複同形）［バミックス］bah-meeks
陽 寶迷
※手持攪拌機 **mixeur plongeant** 的商標。於1954年誕生於瑞士的手持攪拌機始祖。

broyeuse［ブロワイユーズ］bhrwa-yuhz 
陰 粉碎機、具磨床的滾輪機
※用齒輪和滾輪粉碎堅果類等，磨成粉末或是膏狀的機器。混合砂糖和杏仁果一起碾磨，就可以製成杏仁糖粉 **tant pour tant**，磨碎焦糖杏仁果，就能做成帕林內 praline。搭配用途，可以調整使用二根或三根滾輪的間距來進行磨製，使其落入下方容器內。
→ **broyer**（P12）
→ **tant pour tant**（P126）

C

congélateur［コンジェラトゥール］
konh-zhay-lah-tuhr 
陽 冷凍室、冰箱
→ **congeler**（P14）

E

échelle［エシェル］ay-shehl 
陰 烤箱盤架、烤盤架
※暫時保存排放麵團的烤盤、放置在架上的製品冷卻保存時使用的棚架。

broyeuse[ブロワイユーズ]

congélateur[コンジェラトゥール]

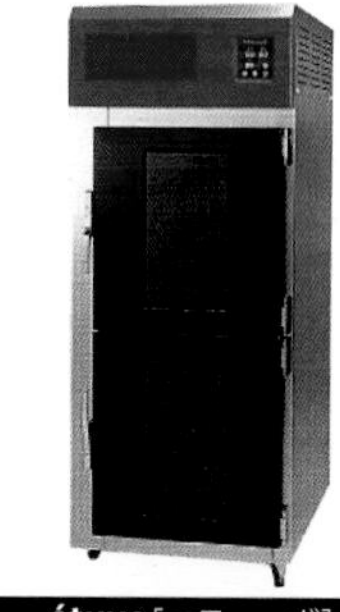

étuve[エテューヴ]

échelle[エシェル]

four[フール]

étuve[エテューヴ]ay-tewv

陰 發酵箱（烘乾機）

※主要用於麵包麵團的發酵，可以保持一定溫度或濕度的機器或房間。法式水果軟糖（Pâte de Fruit）或需要將絞擠出的馬卡龍麵糊乾燥時也會使用。

→ **étuver** (P20)

four[フール]foohr

陽 烤箱、烤窯

※一般指的是平窯。箱型的烘烤室外有熱源（瓦斯或電力），從被加熱的鐵板和變溫熱的空氣間接地將熱能傳導至製品。利用風門（換氣口）的開關可以調整箱內的濕度及氣壓。

four à micro-ondes

[フール ア ミクロオーンド]

foohr ah mee-kroh-onhd

陽 微波爐

※利用微波（**micro-onde** 陰）振動食材中所含的水分子，使其摩擦產生熱量並以此加熱。

four à micro-ondes
[フール ア ミクロオーンド]

four à sol[フール ア ソル]foohr ah sol

陽 一般烤箱

four ventilé[フール ヴァンティレ]

foo-vanh-tee-lay

陽 旋風對流烤箱

※以風扇使熱風對流同時加熱的烤箱。通常溫度設定較一般烤箱低10～20℃進行烘烤，或是縮短烘烤時間。有一般烤箱、可發酵的烤箱，或可使用蒸氣的蒸氣旋風烤箱 **four à convection**。

⇒ **ventiler**［ヴァンティレ］他 換氣、通風

four ventilé[フール ヴァンティレ]

laminoir[ラミノワール]lah-mee-nwahr

陽 壓麵機

※以電動滾輪夾住麵團，再擀壓成一定厚度的機器。

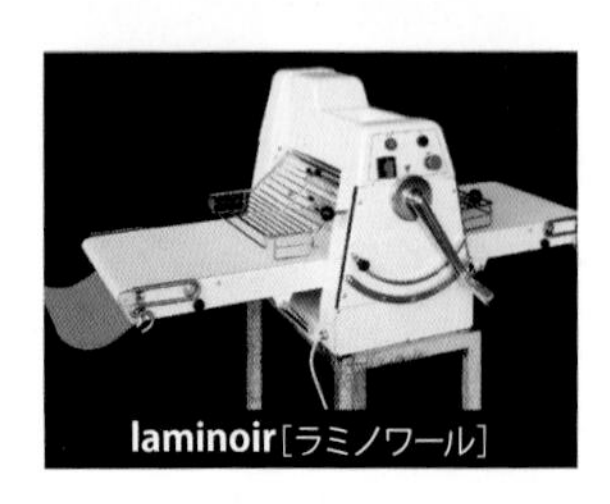

laminoir[ラミノワール]

marbre[マルブル]mahr-bhr

陽 大理石、マーブル

※因不易傳熱，所以很適合巧克力的調溫等作業。

→ **tabler** (P34)

marbre[マルブル]

mélangeur, batteur-mélangeur

[メランジュール、バトゥールメランジュール]

meh-lanh-zhuhr , bah-tuhr-meh-lanh-zhay

陽 糕點專用攪拌機

※是利用電力轉動各種攪拌棒（附件。請參考下頁的圖框）和放入材料的缽盆構成的機器。置換攪拌棒的形狀，就可以應對混拌、打發、揉和等各種功能。

→ **mélanger** (P26)

mélangeur, batteur-mélangeur［メランジュール、バトゥールメランジュール］
糕點專用攪拌機與配件　les accessoires de mélangeur

crochet［クロシェ］khroh-shay ❶

陽 鈎：鈎狀

※用於麵包等具有硬度、黏性的麵團。

feuille［フイユ］fuhy ❷

陰 板狀、槳形：葉形

※用於不需飽含空氣的擦拌等，攪拌略硬的麵團時。

fouet［フウェ］ fweh ❸

陽 球狀攪拌器：打發器的形狀

※用於邊使材料飽含空氣邊混拌時。

mixeur［ミクスール］meek-suhr

陽（料理用）攪拌機、攪拌器

＊passer au mixeur〔パセオ～〕

進行攪打。

→ **mixer** (P26) , **passer** (P28)

mixeur plongeant

［ミクスール プロンジャン］meek-suhr plonh-zhanh

陽 手持攪拌機

※手持式的攪拌機兼食物調理機。可在鍋中或缽盆中，進行搗碎、混拌、打發（少量的液體）等作業。**plongeant**是動詞**plonger**（浸泡在液體中、刺入）的現在分詞。

→ **plonger** (P29)

Pacojet［パコジェット］

P

Pacojet［パコジェット］pah-koh-zhay 📷

陽 帕可捷（商標）、冷凍粉碎調理機

※將冷凍材料碾磨成粉末的機器。可以碾磨得極爲細緻，一旦溶化後就是極爲滑順的液狀。也可以用在製作少量冰淇淋。

planche de travail

［プラーンシュ ド トラヴァイユ］

planh-sh duh thrah-vahy

陰 工作檯、擀麵台

※大理石、木、不鏽鋼等，因應作業使用相對應的材質。

→ **marbre, table**

réfrigérateur, frigo

［レフリジェラトゥール、フリゴ］

hray-fhree-zhay-hrah-tuhr

陽 冷藏室

※在5～10℃左右保存、冷卻、冷卻凝固食品，也用於靜置麵團等。

robot-coupe［ロボクップ］hroh-boh-koop

陽 食物調理機

※商標之一。已成爲食物調理機的代名詞。

salamandre［サラマーンドル］

sah-lah-manh-dhr

陰 明火烤箱

※無門僅上火之烤箱。專用於使表面呈現烤色時。

siphon［スィフォン］see-fonh

陽 虹吸瓶

※在液體中注入氣體，使其噴出氣泡的器具。通常不會產生氣泡的果汁等，都可以製作出口感輕盈的大量氣泡。製作出的氣泡西班牙文稱爲 **espuma**。

sorbétière , sorbetière

［ソルベティエール、ソルブティエール］

sohr-buh-tyehr

陰 雪酪、冰淇淋機

surgélateur［スュルジェラトゥール］

sewhr-zhay-lah-tuhr

陽 急速冷凍室、急速冷凍機

※爲避免損及食品的品質，完全急速冷卻凍結後，能保持在-18℃以下的冷凍室。剛加熱的製品也能急速冷卻（從90℃至-18℃）。含有慕斯的多層蛋糕等也能冷凍保存。

→ **surgeler** (P34)

réfrigérateur, frigo
［レフリジェラトゥール、フリゴ］

siphon［スィフォン］

surgélateur［スュルジェラトゥール］

table[ターブル]tahbl

陰 餐桌、桌子、工作檯

→ **tabler** (P34) , **tablage** (P34・**table**)

turbine(à glace)[テュルビーヌ(ア グラス)]tewhr-been(ah glahs)

陰 冰淇淋機

→ **turbiner** (P35)

＝ **sorbétière**

vitrine[ヴィトリーヌ]vee-threen

陰 櫥窗

計量

balance[バラーンス]bah-lanhs

陰 量秤

※用於量測材料重量時。

⇒ **balancer**〔バランセ〕他 用量秤量測

※「量測」重量是→**peser** (P28)。

balance[バラーンス]

cuiller, cuillère[キュイエール]

kwee-yehr

陰 匙、計量用匙

※用於量測少量的液體、粉末時。

⇒ **cuiller (cuillère) à café**[～ ア カフェ]

小匙

⇒ **cuiller (cuillère) à soupe (potage)**

[～ ア スップ (濃湯)]大匙

→ 附錄 計數方法 (P157)

cuiller, cuillère[キュイエール]

pèse-sirop[ペズスィロ]pehz-see-hroh

陽 糖度計、波美比重計

※量測溶於水中的砂糖量(糖度)的器具。單位是波美度 **degré Baumé** 、**sirop à 30°B** 〔スィロ ア トラーント ドゥグレ ボーメ〕(波美30度的糖漿)這樣的標示。

→ 附錄 度量衡 (P155)

pèse-sirop[ペズスィロ]

réfractomètre［レフラクトメトル］

hray-fhrahk-toh-methr

陽 糖度計、折光儀、甜度計

※依光的折射率可以正確量測出糖漿、果汁、(具黏度的)果泥、果醬等所含的砂糖量。單位是糖度 **degré Brix**，蒸餾水糖度是0，標示的則是相對液體的蔗糖重量%。

→ 附錄 度量衡 (P155)

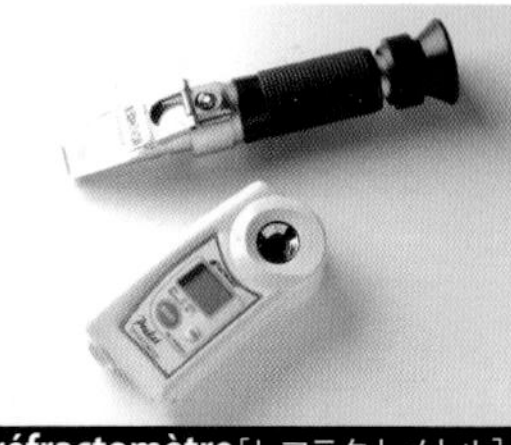

réfractomètre［レフラクトメトル］

règle［レーグル］hrehgl

陰 尺

thermomètre［テルモメトル］

tehr-moh-methr

陽 溫度計

※除了酒精、水銀溫度計、電子(數位)溫度計之外，還有不需接觸就能測定麵團表面溫度的紅外線溫度計。

→ 附錄 度量衡 (P155)

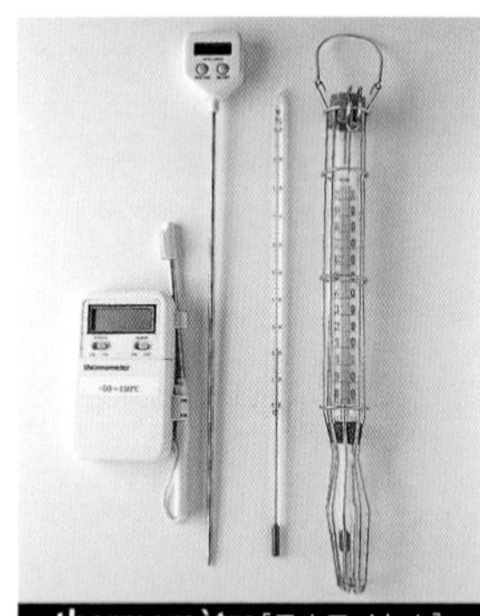

thermomètre［テルモメトル］

verre gradué , verre à mesure

［ヴェール グラデュエ、ヴェール ア ムジュール］

vehr grah-dew-lay , vehr ah muh-zewhr

陽 量杯

※用於量測液體容積時。以1量杯(200ml)的～表示分量時

→ 附錄 計數方法 (P157)

verre gradué, verre à mesure［ヴェール グラデュエ、ヴェール ア ムジュール］

切分

ciseaux[スィゾ][複]see-zoh
陽 剪刀
※單數形**ciseau**是鋼鑽、鑿子的意思。

couteau([複]**couteaux**)[クト]koo-to
陽 菜刀、刀子

couteau de chef[クト ド シェフ]
koo-to duh shef
陽 主廚刀
※切巧克力、水果等，萬用。

couteau d'office[クト ドフィス]
koo-to do-fees
陽 小刀
※主要用於水果。

couteau-scie[クトスィ]koo-to-see
陽 鋸齒刀
※使用於硬質糕點或容易破碎的麵團等。**scie**〔スィ〕陰 鋸子的意思。

économe[エコノム]ay-ko-nom
陽 削皮刀
※很方便且薄薄地削除水果的果皮。

planche à découper
[プラーンシュ ア デクペ]planh-sh ah day-koo-pay
陰 砧板
＝ **tranchoir**
→ **découper** (P16)

râpe à fromage
[ラープ ア フロマージュ]hrahp ah fhro-mah-zh
陰 起司磨粉器、磨泥器
※磨削起司的工具。也可用於磨削柑橘類表皮或堅果時。
→ **râper** (P30)

tranchoir[トランショワール]
thranh-shwahr
陽 砧板
＝ **planche à découper**
→ **trancher** (P35)

ciseaux[スィゾ]
couteau de chef[クト ド シェフ]
couteau-scie[クトスィ]
couteau d'office[クト ドフィス]
économe[エコノム]

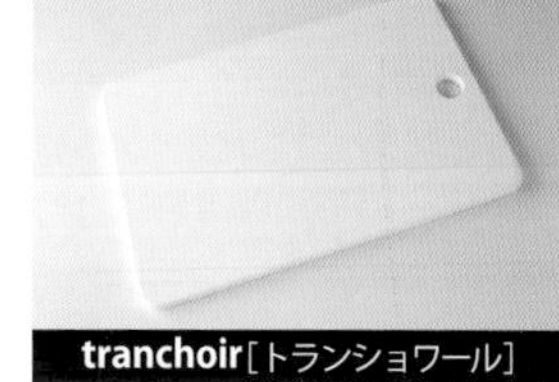
tranchoir[トランショワール]

混拌・夾

bassine[バスィーヌ]bah-seen 📷

陰 缽盆

※有塑膠製 **en plastique**〔アン プラスティック〕、不鏽鋼製 **en inox**〔アン イノックス〕等等。

= **bol, cul-de-poule**

bassine à blanc

[バスィーヌ ア ブラン]bah-seen ah blanh 📷

陰 銅製的蛋白用缽盆

= **bassine en cuivre** [バスィーヌ アン キュイーヴル] 陰

bassine[バスィーヌ]

bassine à blanc
[バスィーヌ ア ブラン]

bol[ボル]bol

陽 碗、缽、缽盆

= **bassine**

corne[コルヌ]kohrn 📷

陰 刮板、刮刀、(清掃用的)刮除或削除用刮板

※corne一般是指有角度(角)或新月型的東西。在此泛指塑膠或矽膠製的，具彈力，可擦拌、切拌，均勻混拌，或是將麵團整合成球形等。也用於在工作檯上與膏狀物擦拌時。也有金屬製具握把的類型，用於需要更加用力進行作業時。

= **raclette**

→ **corner** (P15)

cul-de-poule([複]**culs-de-poule**)

[キュドプゥル]kewl-duh-pool

陽 碗

※母雞屁股的意思，較深的形狀。

= **bassine**

fouet[フウェ]fweh 📷

陽 攪拌器

→ **fouetter** (P22)

fourchette[フルシェット]foohr-sheht

陰 叉子

pince[パーンス]penhs

陰 夾子、夾起的工具

→ **pincer** (P28)

pince à pâte[パーンス ア パート]

penhs ah paht 📷

陰 派餅夾

※用於整型後在派皮邊緣夾出圖案時。

raclette [ラクレット]hrah-kleht

陰 刮板、刮刀

※raclette是起司的名字，也是將起司融化後刮起並沾裹馬鈴薯食用的料理名稱。

= **corne**

→ **racler** (P30)

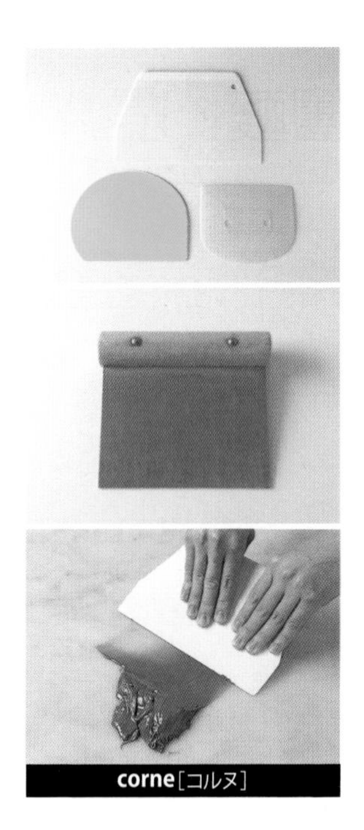

corne［コルヌ］

fouet［フウェ］

pince à pâte［パーンス ア パート］

spatule en bois［スパテュル アン ボワ］

spatule en plastique
［スパテュル アン プラスティック］

spatule(palette) en caoutchouc
［スパテュル（パレット） アン カウチュゥ］

spatule, palette［スパテュル、パレット］

spah-tewl pah-leht

陰 刮杓

spatule en bois［スパテュル アン ボワ］

spah-tewl enh bwah 📷

陰 木杓子、木刮杓

spatule en plastique

［スパテュル アン プラスティック］

spah-tewl enh plahs-teek 📷

陰 塑膠製刮杓

spatule(palette) en caoutchouc

［スパテュル（パレット） アン カウチュゥ］

spah-tewl anh plahs-teek 📷

陰 橡膠刮杓

※也稱作**maryse**〔マリーズ〕（橡膠刮杓的商標）。

過濾

chinois(單複同形)[シノワ]shee-nwa

陽 圓錐形過濾器

※適合過濾液狀物質的圓錐形過濾器。有在不鏽鋼上開孔，與網狀的種類。

chinois[シノワ]

étamine[エタミーヌ]ay-tah-meen

陰 過濾布巾

＊chinois étamine〔シノワ～〕網狀、細網目的過濾器。

passoire[パソワール]pah-swahr

陰 瀝乾水分、過濾器

※過濾部分是半球形，細網目。

→ **passer** (P28)

passoire[パソワール]

saupoudreuse, poudrette

[ソプドルーズ、プドレット]soh-poo-dhruhz

陰 糖粉罐、鹽・香料罐

※從像網篩般小孔的出口，撒下糖粉的容器。

→ **saupoudrer** (P33) , **poudre** (P75)

saupoudreuse, poudrette
[ソプドルーズ、プドレット]

tamis(單複同形)[タミ]tah-mee

陽 粉篩、過濾網篩

→ **tamiser** (P34)

tamis[タミ]

絞擠・流洩

cornet[コルネ]kohr-nay

陽 1.紙卷擠花袋

※切成三角形的紙(烤盤紙或描圖紙等)捲成圓錐形製作出的擠花袋。用於絞擠出細緻線條時。

＊rouler la feuille de paper en cornet ／ réaliser un cornet〔ルレ ラ フイユ ド パピエ アン～／レアリゼ アン～〕紙捲成圓錐形製成擠花袋。

＝ **cornet en papier**[～ アン パピエ]

2.圓錐形的模型

3.圓錐形的糕點、點心等

※派皮或貓舌餅乾等作成圓錐形，再填裝奶油餡或水果製成的糕點等。

douille[ドゥイユ]dooy

陰 擠花嘴

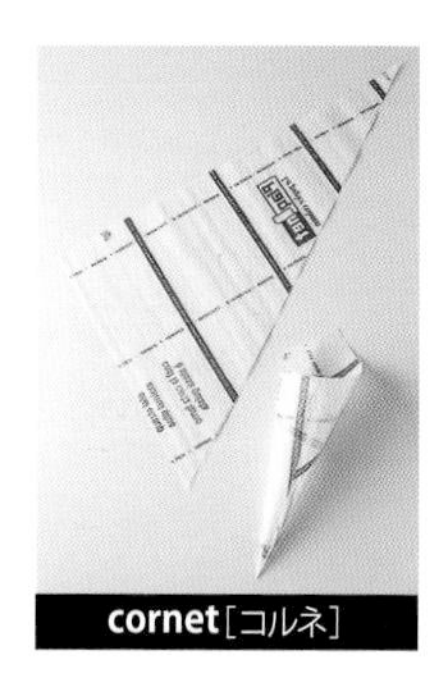
cornet［コルネ］

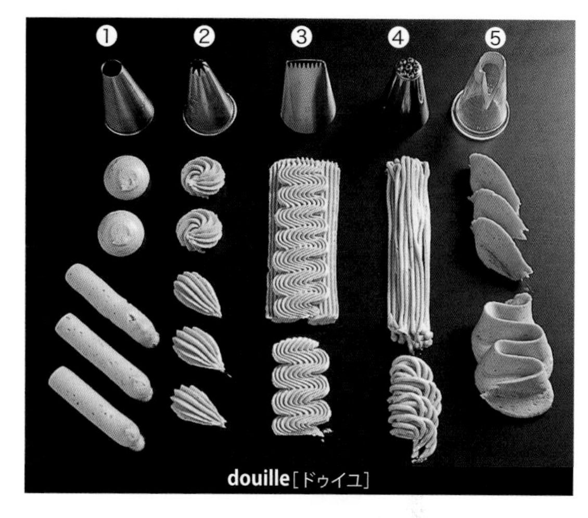

douille［ドゥイユ］

entonnoir à couler, entonnoir à piston［アントノワール ア クレ、アントノワール ア ピストン］

poche(à décor)［ポシュ(ア デコール)］

douille à bûche

［ドゥイユ ア ビュシュ］dooy ah bewsh 📷 ❸

陰 單面擠花嘴

※有寬度的擠花嘴，可以絞擠出條線形狀。

→ **bûche de Noël** (P101)

douille à mont-blanc

［ドゥイユ ア モンブラン］
dooy ah monh-blanh 📷 ❹

陰 蒙布朗用擠花嘴

→ **mont-blanc** (P116)

douille à saint-honoré

［ドゥイユ ア サントノレ］

dooy ah senh-toh-noh-hray 📷 ❺

陰 聖多諾黑用擠花嘴

→ **saint-honoré** (P125)

douille cannelée

［ドゥイユ カヌレ］dooy kahn-lay 📷 ❷

陰 星形擠花嘴

douille plate［ドゥイユ プラット］

dooy plaht

陰 平口擠花嘴

→ **plat** (P42)

douille unie［ドゥイユ ユニ］

dooy ew-nee 📷 ❶

陰 圓口擠花嘴

entonnoir à couler, entonnoir à piston［アントノワール ア クレ、アントノワール ア ピストン］📷

anh-to-nwahr ah koo-lay , anh-to-nwahr ah pees-tonh

陽 填充成形機、麵糊分配器、滴落麵糊

※注入出口處有栓蓋開關、可以用手調節液體流量的漏斗。

→ **couler** (P15)

poche(à décor)

［ポシュ(ア デコール)］poh-sh(ah day-kohr) 📷

陰 擠花袋

＊poche à douille unie〔～ア ドゥイユ ユニ〕裝有圓口擠花嘴的擠花袋。

煮る・加熱

bain-marie[バンマリ]banh-mah-hree
陽 隔水加熱、隔水加熱鍋

casserole[カスロール]kahs-hrol
陰 單柄鍋

chocolatière[ショコラティエール]
sho-ko-lah-tyehr
陰 可可壺

couvercle[クヴェルクル]koo-vehrkl
陽 蓋子
＊cuire à couvercle〔キュイールア～〕蓋上鍋蓋熬煮。

écumoire[エキュモワール]
ay-kew-mwahr
陰 漏杓
※除了撈起氣泡、浮渣之外，在燙煮蛋白霜時、芭芭露亞或薩瓦蘭浸泡糖漿時，都可以使用。此外也被用在混拌添加了蛋白霜的麵糊時。
→ **écumer** (P18)

fourneau([複]**fourneaux**)[フルノ]
foohr-noh
陽 加熱烹調用具、烹調用爐具
※除了表面有鐵板的加熱處可以直接烹調之外，也可以在鐵板上放置鍋子慢慢加熱。鐵板下也有附加烤箱的類型，下部可以燒碳或柴薪加熱全體。現在一般使用的熱源是瓦斯。

louche[ルシュ]loosh
陰 長柄杓、湯杓

marmite[マルミット]mahr-meet
陰 圓筒鍋、燉煮鍋
※筒狀且深的大型雙耳鍋。

poêle[ポワル]pwal
陰 平底鍋
→ **poêler** (P29)

casserole[カスロール]

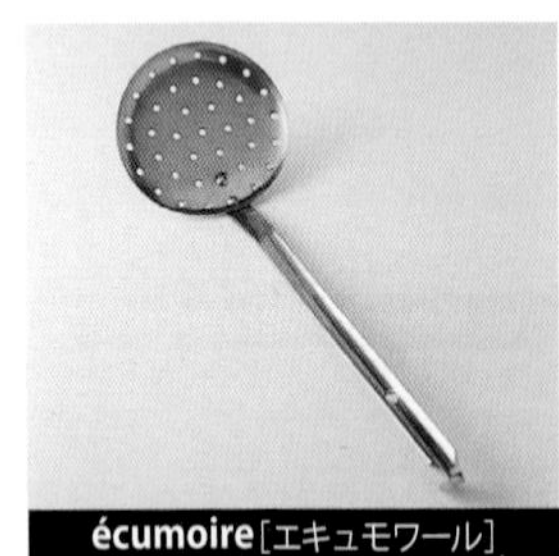
écumoire[エキュモワール]

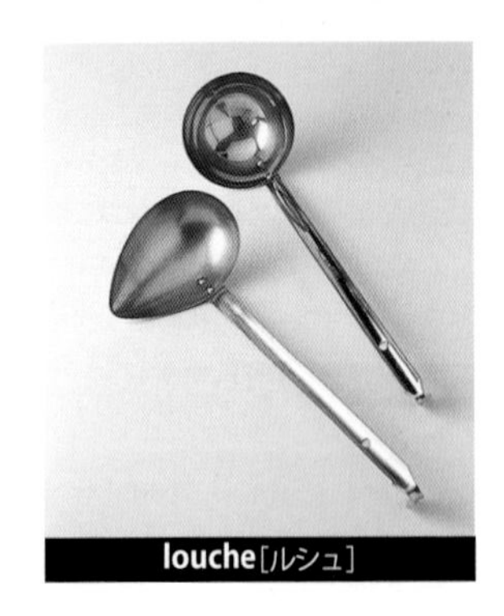
louche[ルシュ]

poêlon[ポワロン]pwa-lonh
陽 小型單柄鍋
＊poêlon à sucre〔～アスュクル〕帶有鍋嘴的糖果用小單柄鍋（銅製）。

sauteuse[ソトゥーズ]
陰 單柄湯鍋
※廣口單柄鍋。

caraméliseur[カラメリズール]

grille[グリーユ]

chalumeau à gaz
[シャリュモ ア ガズ]

papier cuisson[パピエ キュイソン]

烘烤

caraméliseur[カラメリズール]
kah-hrah-may-lee-zuhr
陽 烙鐵、焦糖電烙鐵
※有以電力加熱和直接用火加熱的類型。

chalumeau à gaz([複]**chalumeaux à gaz**)[シャリュモ ア ガズ]
shah-lew-moh ah kahz
陽 瓦斯噴鎗
※在完成表面添增烤色，或使冷凍的慕斯更易於脫模時使用。

gril[グリル]ghreel
陽 燒烤架、烤網

grille[グリーユ]ghreey
陰 蛋糕冷卻架
※使烤箱取出的蛋糕或點心冷卻的網架。有大的長方形架或能放置塔餅等的大型圓架。

noyaux de cuisson[ノワイヨ ド キュイソン]nwa-yoh duh kwee-sonh
陽 空燒塔餅時用的重石、塔餅石
※有鋁製或陶瓷製。
＝ **billes de cuisson**[ビユ ド キュイソン]陰, **haricots de cuisson**[アリコ ド キュイソン]陽

papier[パピエ]pah-pyeh
陽 紙

papier absorbant
[パピエ アプソルバン]pah-pyeh ahp-sohr-banh
陽 紙巾
⇒ **absorbant** 形 具吸收力的

papier cuisson[パピエ キュイソン]
pah-pyeh kwee-sonh
陽 烤盤紙、烘焙紙
※具耐油、耐水、耐熱性，容易與麵團剝離的紙。大多表面有矽膠樹脂加工。

papier paraffiné［パピエ パラフィネ］
pah-pyeh pah-hrah-fee-nay
陽 蠟紙
※滲入蠟或石蠟的紙。具耐水、防濕性，但不適合長時間加熱。

papier silicone［パピエ スィリコーヌ］
pah-pyeh see-lee-kohn
陽 矽膠樹脂加工的紙
※耐熱，麵團易於剝離。並且油脂無法透出但蒸氣能適度地散逸出來。

papier sulfurisé
［パピエ スュルフュリゼ］
pah-pyeh sewl-few-hree-zay
陽 硫酸紙、羊皮紙
※半透明的薄紙，以矽膠樹脂加工過的烤盤紙問市前，經常用於舖墊在模型或烤盤上。也用於紙卷擠花袋**cornet**。無透氣性，水、油不進，因此也被用在奶油或起司的包裝上。是將原料用紙浸泡了硫酸後，洗淨乾燥而成。
→ **cornet** (P66)

plaque［プラック］plahk
陰 鐵板、烤盤 **plaque à four**〔～ ア フール〕
→ **plaque à tuiles** (P53)

Silpat［シルパット］seel-pah
陽 烘焙矽膠墊**tapis de cuisson**的商標
→ **tapis de cuisson**

tapis de cuisson
［タピ ド キュイソン］tah-pee duh kwee-sonh
陽 烘焙矽膠墊
※矽膠樹脂製成像橡膠般具彈力的墊子。耐寒、耐熱，剝離性佳。可重覆使用。
＝ **Silpat**

tourtière［トゥルティエール］toohr-tyehr
陰 1.圓形的烤盤、鐵板
2.（有底部的）塔餅模

plaque［プラック］

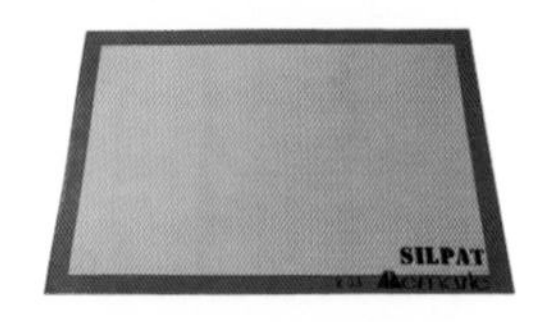

Silpat［シルパット］

tourtière［トゥルティエール］

延展・壓脫・塗抹

cuiller à légume
［キュイエール ア レギュム］
kwee-yehr ah leh-gewm
陰 挖球器
※用於將蔬菜或水果挖成小圓球形。

cuiller à légume
［キュイエール ア レギュム］

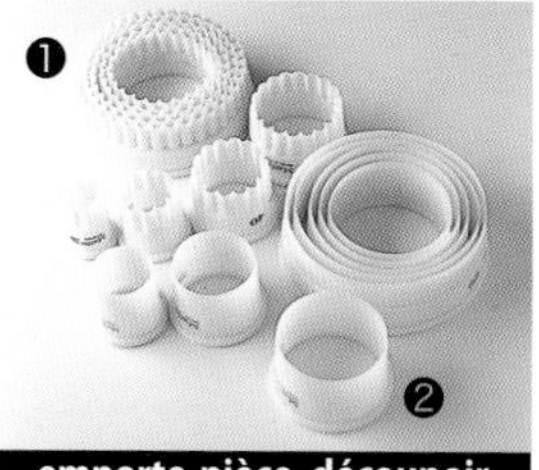

emporte-pièce, découpoir
［アンポルトピエス、（デクポワール）］

palette coudée
［パレット クデ］

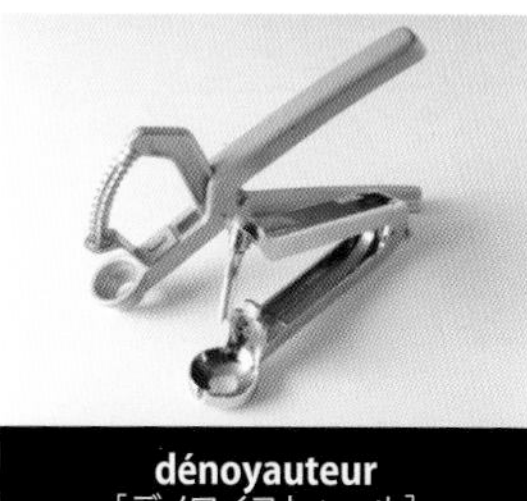

dénoyauteur
［デノワイヨトゥール］

palette, couteau palette
［パレット、クト パレット］

palette triangle, palette triangulaire［パレット トリヤーングル、パレット トリヤンギュレール］

dénoyauteur［デノワイヨトゥール］

day-nwa-yo-tuhr 📷

陽 櫻桃的去核器

→ **noyau** (P84)

emporte-pièce, découpoir

［アンポルトピエス、デクポワール］

anh-pohrt-pyehs , day-koo-pwahr 📷

陽 切模

→ **découper** (P16)

emporte-pièce cannelé 📷❶

［アンポルトピエス カヌレ］

anh-pohrt-pyehs kahn-lay

陽 切模（菊型）

emporte-pièce uni 📷❷

［アンポルトピエス ユニ］anh-pohrt-pyehs ew-nee

陽 切模（直線型＝圓形）

palette, couteau palette

（［複］）**couteaux palettes**）［パレット］

陰、［クト パレット］陽

pah-leht, koo-to pah-leht 📷

抹刀、抹平刀

※用於塗抹或推開奶油餡、麵糊時。

→ **napper** (P27)

palette coudée［パレット クデ］📷

pah-leht koo-day

陰 彎形刮平刀

※在握把處有彎折角度的抹刀。用於將倒入烤盤或模型內的材料平整均勻時。

palette triangle, palette triangulaire［パレット トリヤーングル、パレット トリヤンギュレール］

pah-leht three-yanhgl , pah-leht three-yanh-gew-lehr 📷

陰 三角刮刀

※用於混拌推平具有黏性又堅硬，像牛軋糖般的材料時。

peigne à décor

［ペーニュ ア デコール］peh-ny ah day-kohr 📷

陽齒梳、梳子

※塑膠製或金屬製鋸齒狀的工具。用於在麵糊或奶油餡等表面劃出條紋圖案時。也有三角形的稱爲三角刮板。齒梳也可用於將刷塗在膠片上的巧克力劃出線條圖案，待其凝固後作爲裝飾使用。

pic-vite［ピクヴィット］peek-veet 📷

陽打孔滾輪

※穿刺出派皮麵團烘烤時排氣孔的工具。

→ **piquer** (P28)

pinceau（［複］pinceaux）［パンソ］

penh-soh 📷

陽毛刷

※用於將奶油、雞蛋、糖漿等刷塗在麵團，或完成品的表面時。照片左方是尼龍毛刷細且柔軟。中央是豬毛刷，具彈力容易刷塗。右方則是矽膠製毛刷 **pinceau en silicone**〔～アンスィリコーヌ〕不用擔心刷毛脫落更加衛生。

→ **beurrer** (P12) , **dorer** (P17) , **imbiber** (P24)

rouleau（［複］rouleaux）, rouleau à pâte（［複］rouleaux à pâte）

［ルロ、ルロ ア パート］hroo-loh 📷

陽擀麵棍

→ **rouler** (P32) , **abaisser** (P11)

rouleau à nougat（［複］rouleaux à nougat）［ルロ ア ヌガ］

hroo-loh ah noo-gah 📷

陽牛軋糖用擀麵棍

rouleau cannelé（［複］rouleaux cannelés）［ルロ カヌレ］hroo-loh kahn-lay

陽擀壓出溝槽用擀麵棍

※刻有溝槽的擀麵棍。

vide-pomme［ヴィドポム］veed-pom 📷

陽（蘋果等水果）去核器

peigne à décor
［ペーニュ ア デコール］

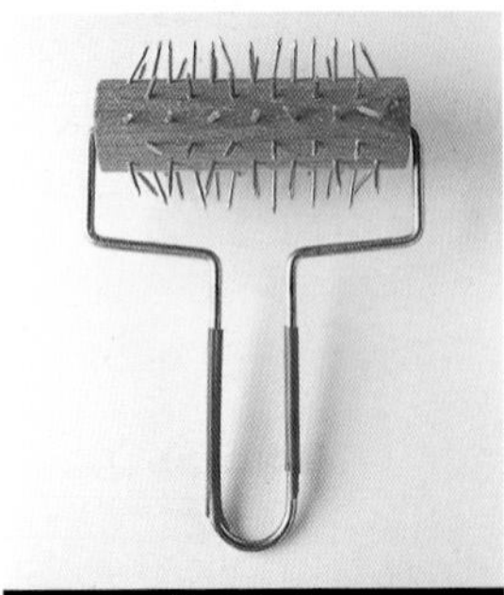

pic-vite［ピクヴィット］

pinceau［パンソ］

vol-au-vent（［複］vols-au-vent）

［ヴォロヴァン］vol-oh-vanh 📷

陽切模、千層酥盒壓模

※放置於麵團上，沿著模型邊緣用刀子切下。

完成・裝飾

caissette［ケセット］keh-seht
陰 紙盒、小盒子

carton［カルトン］kahr-tonh
陽 厚紙、厚紙盒
※經常用於盛裝蛋糕時。

feuille d'aluminium
［フイユ ダリュミニヨム］fuhy dah-lew-mee-nyom
陰 鋁箔、鋁箔紙
＝ **papier aluminium**

film de mousse［フィルム ド ムゥス］
feelm duh moos
陽 慕斯圍邊膠紙
※爲使慕斯等容易脫模地放入模型中、或爲保持其形狀地，包捲在側面的透明帶狀，薄的聚丙烯等膠片。

papier aluminium
［パピエ アリュミニヨム］pah-pyeh ah-lew-mee-nyom
陽 鋁箔、鋁箔紙
→ **aluminium** (P54)

papier dentelle［パピエ ダンテル］
pah-pyeh danh-tehl
陽 蕾絲花邊紙
⇒ **dentelle** 陰 蕾絲、蕾絲狀物品

papier film［パピエ フィルム］pah-pyeh feelm
陽 薄膜、保鮮膜

peigne à décor peh-ny ah day-kohr → **P72**

pistolet［ピストレ］pees-toh-lay
陽 噴鎗
※用於完成時在表面噴撒巧克力（覆蓋巧克力中添加了可可脂，高流動性的材料）等，（使成品能呈現出天鵝絨般或具光澤質感），或用於裝飾、手工糕點的著色等。
＝ **pulvérisatuer**［ピュルヴェリザトゥール］陽

rouleau, rouleau à pâte［ルロ，ルロ ア パート］

rouleau à nougat［ルロ ア ヌガ］

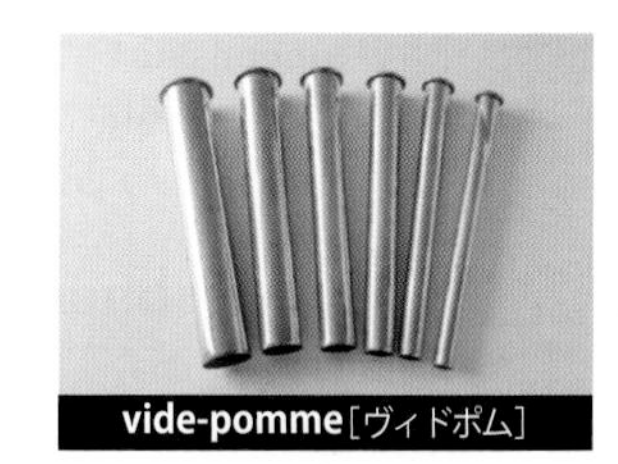
vide-pomme［ヴィドポム］

vol-au-vent［ヴォロヴァン］

rhodoïd［ロドイド］hroh-do-eed
陽 透明膠膜
※本是以纖維素作爲原料樹脂的商標。聚丙烯薄膜（以聚丙烯爲原料製作的膠片），或慕斯圍邊膠紙也以此稱之。
→ **film de mousse**

材料

穀類・粉類

amidon[アミドン]ah-mee-donh
陽澱粉
※原則上的區隔是，由小麥等地面的結實部分取出之澱粉稱爲**amidon**；地下根莖、薯類等取得的澱粉稱爲**fécule**，但現已被混用了。
＊amidon de blé〔～ドブレ〕澄粉、小麥的澱粉。
→ **fécule**

amidon de maïs[アミドン ド マイス]
ah-mee-donh duh mah-ees
陽玉米澱粉
＝ **fécule de maïs**[フェキュル ド マイス]陰

avoine[アヴォワーヌ]ah-vwan
陰燕麥、野燕麥

blé[ブレ]blay
陽小麥

céréale[セレアル]say-hray-ahl
陰穀類、穀物

chapelure[シャプリュール]shah-puh-luhr
陰麵包粉

crème de riz[クレム ド リ]khrehm duh hree
陰米粉
＝ **farine de riz**

farine[ファリーヌ]fah-hreen
陰粉類、麵粉
＊farine de blé〔～ドブレ〕、farine de froment〔～ドフロマン〕麵粉。
⇒ **froment** 陽小麥

farine complète
[ファリーヌ コンプレット]fah-hreen konh-pleht
陰全麥麵粉
※連同小麥胚芽及麥糠一起碾磨而成的粉類。(形 **complet**[コンプレ] / **complète**[コンプレット]完全的)

farine d'avoine
[ファリーヌ ダヴォワーヌ]fah-hreen dah-vwan
陰燕麥粉

farine de gruau
[ファリーヌ ド グリュオ]fah-hreen duh grew-oh
陰蛋白質含量多的麵粉
※在法國並非以蛋白質含量來區隔高筋麵粉、中筋麵粉、低筋麵粉，因此沒有相對應的語詞。所以這個單字在日本用於表示高筋麵粉時使用。此外，也會將高筋麵粉以**farine forte**〔ファリーヌフォルト〕(意思是強的麵粉)、低筋麵粉爲**farine faible**〔ファリーヌ フェーブル〕(弱的麵粉)或**farine ordinaire**〔ファリーヌ オルディネール〕(普通的麵粉)來表示。

farine de riz[ファリーヌ ド リ]
fah-hreen duh ree
陰米粉
＝ **crème de riz**

farine de sarrasin
[ファリーヌ ド サラザン]fah-hreen duh sah-rah-zenh
陰蕎麥粉

farine de seigle
[ファリーヌ ド セーグル]fah-hreen duh sehgl
陰裸麥粉

fécule[フェキュル]fay-kewl
陰澱粉
＊fécule de pommes de terre〔～ドポムドテール〕馬鈴薯澱粉。
→ **amidon**

gruau([複]**gruaux**)[グリュオ]ghrew-oh

陽 1.穀物、燕麥片

2.優質麵粉

※在法國麵粉中，蛋白質含量高、優質且精製度高的麵粉。

＝ **farine de gruau**

maïs(單複同形)[マイス]mah-ees

陽玉米

＊farine de maïs〔ファリーヌ ド～〕玉米粉、amidon de maïs〔アミドン ド～〕玉米澱粉。

mie[ミ]mee

陰麵包內白且柔軟的部分、麵包的內側

＊mie de pain〔～ド パン〕麵包的內側、新鮮麵包粉。

＊pain de mie〔パン ド～〕吐司麵包。

→ **miette**(P116)

millet[ミエ]mee-yeh

陽黍類

orge[オルジュ]ohr-zh

陰大麥

→ **sucre d'orge**(P126)

poudre[プゥドル]poodhr

陰粉、粉末

poudre à crème[プゥドル ア クレム]

poodhr ah khrehm

陰卡士達粉

※玉米澱粉中添加香草香料、食用色素等，可以簡單製作出卡士達奶油餡的調合粉。

riz[リ]hree

陽米

＊farine de riz〔ファリーヌ ド～〕米粉、amidon de riz〔アミドン ド～〕米的澱粉。

sarrasin[サラザン]sah-hrah-senh

陽蕎麥

seigle[セーグル]sehkl

陽裸麥

semoule[スムゥル]suh-mool

陰 1.粗粒小麥粉(硬質小麥粉)

2.北非小麥(用於庫斯庫斯couscous料理的一種粒狀麵食)

→ **sucre semoule**(P77)

雞蛋

blanc d'œuf[ブラン ドゥフ]blanh duhf

陽蛋白

blancs d'œufs séchés

[ブラン ドゥ セシェ] 一般是[複]

blanh duhf say-shay

陽乾燥蛋白(粉末)

→ **sécher**(→ P33)

＝ **poudre d'albumine**[プゥドル ダルビュミーヌ]

jaune d'œuf[ジョーヌ ドゥフ]zhohn duhf

陽蛋黃

œuf([複]**œufs**)[ウフ([複]ウ)]uhf

陽蛋

＊œuf dur〔～デュール〕煮硬的蛋、œuf à la coque〔～アラコック〕帶殼蛋、œuf mollet〔～モレ〕半熟蛋。

＊œufs à la neige〔ウ ア ラ ネージュ〕雪浮島(P118)、œuf poché〔～ポシェ〕水波蛋。

œuf entier[ウフ アンティエ]uhf enh-tyeh

陽全蛋

poudre de blanc d'œuf

[プゥドル ド ブラン ドゥフ]

poodhr duh blanh duhf

陽乾燥蛋白

＝ **blancs d'œufs séchés**

砂糖

betterave[ベトラーヴ]beh-thrahv

陰 甜菜

※甜菜＝砂糖蘿蔔。

＊sucre de betterave〔スュクル ド～〕甜菜糖。

canne[カンヌ]kahn

陰 甘蔗

※砂糖黍＝甘蔗。

＊sucre de canne〔スュクル ド～〕蔗糖。

cassonade[カソナード]kah-soh-nahd

陰 紅糖

※由甘蔗提煉出精製度較低的茶色砂糖。

mélasse[メラス]may-lahs

陰 糖蜜、molasses

※製糖工程中糖結晶外剩餘的就是糖蜜。

miel[ミエル]myehl

陽 蜂蜜

＊miel de mille fleurs〔～ ド ミル フルール〕百花蜜（沒有特定蜜源的蜂蜜）。

sucre[スュクル]sew-khr

陽 砂糖

sucre candi[スュクル カンディ]

sew-khr kanh-dee

陽 冰糖

→ **candir**(P13)

sucre cristallisé[スュクル クリスタリゼ]

sew-khr krees-tah-lee-zay

陽 粗粒糖

sucre cuit[スュクル キュイ]sew-khr kwee

陽 熬煮過的砂糖、糖液

※指糖漿或焦糖、糖果等。

sucre de cannelle

[スュクル ド カネル]sew-khr duh kah-nehl

陽 肉桂糖

＝ **sucre à la cannelle**[スュクル ア ラ カネル]

sucre en grains

[スュクル アン グラン]sew-khr enh grenh

陽 珍珠糖

→ **chouquette**(P103)

sucre en morceaux

[スュクル アン モルソ]sew-khr enh mohr-soh

陽 方糖

＊un morceau de sucre〔アン モルソ ド スュクル〕方糖一塊。

→ 附錄 計數方法(P157)

＝ **sucre en cube**[スュクル アン キューブ]

cassonade[カソナード]

mélasse[メラス]

sucre en grains
[スュクル アン グラン]

sucre glace［スュクル グラス］sew-khr glahs
陽 粉砂糖、糖粉、**powder sugar**

sucre granulé［スュクル グラニュレ］
sew-khr grah-new-lay
陽（粗的）細砂糖
→ **granuleux**（P42）

sucre roux［スュクル ルゥ］sew-khr hroo
陽 粗糖、赤砂糖、紅糖
→ **roux**（P40）

sucre semoule［スュクル スムゥル］
sew-khr s(uh-)mool
陽 細砂糖

sucre vanillé［スュクル ヴァニエ］
sew-khr vah-neey
陽 香草糖
→ **vaniller**（P36）

vergeoise［ヴェルジョワーズ］

vergeoise［ヴェルジョワーズ］vehr-zhwaz 📷
陰 由甜菜 **betterave**提煉出的茶色砂糖
※由取出白砂糖結晶後的糖液製作而成，法蘭德斯**Flandre**的砂糖。有淡茶色的**vergeoise blonde**〔～ブロンド〕和深紅褐色具強烈獨特風味的**vergeoise brune**〔～ブリュンヌ〕。使用這種砂糖的糖塔**tarte au sucre**是法蘭德斯獨特的糕點。
→ **betterave, Flandre**（P131）, **tarte au sucre**（P127）

水果・堅果

abricot［アブリコ］ah-bhree-koh
陽 杏桃、杏

abricotier［アブリコティエ］ah-bhree-ko-tyeh
陽 杏樹

acacia［アカスィア］ah-kah-sya
陽 槐樹
＊miel d'acacia〔ミエル ダカスィア〕アカシ槐花蜜。

agrume［アグリュム］ah-ghrewm
陽 柑橘類、柑橘屬的植物

amande［アマーンド］ah-manhd 📷
陰 杏仁果、果仁（種籽的胚乳）
＊amandes amères〔～アメール〕苦杏仁、essence d'amande〔エサーンス ダマーンド〕杏仁精、huile d'amande〔ユイル ダマーンド〕杏仁油。
→ **pâte d'amandes**（P120）, **pralin, praliné, praline**（以上P123）, **tant pour tant**（P126）
（杏仁的品種見次頁）

amande［アマーンド］

amande［アマーンド］（生）

杏仁的品種　les variétés d'amande

Aï[アイ]ah-ee
以法國普羅旺斯**Provence**爲代表的傳統品種。顆粒大且厚實。有強烈的甜味。

Avola[アヴォラ]ah-vo-lah
義大利的品種。光滑扁平的形狀。用於糖衣果仁(dragée)最爲聞名。在義大利也稱爲**Pizzuta d'Avola**〔ピッツータ ダーヴォラ〕(阿沃拉是西西里亞的村莊名稱)。

Ferraduel[フェラデュエル]feh-hrah-dew-ehl
陰 法國大量出產的品種。光滑扁平的形狀。風味佳、經常用於糖衣果仁(dragée)。

Ferragnès[フェラーニェ]feh-hrah-nyehs
陰 強韌且生產性優良，占了法國產杏仁果60%的品種。具甜味，略帶辛香味。

Marcona[マルコナ]mahr-koh-nah
西班牙的品種。個頭小形狀扁平。風味佳。在法國經常用於牛軋糖中。在日本也被稱爲マルコナス。

Nonpareil[ノンパレイユ]nonh-pah-hrehy
加州生產較多的品種。細長形顆粒大。大小均勻、沒有特殊的氣味，味道穩定。由法國生產的品種改良而來。由英語發音則唸作Nonpareil。

amandes brutes
[アマーンド ブリュット]ah-manhd bhrewt
陰 帶皮杏仁果
→ **brut**(P43)

amandes concassées
[アマーンド コンカセ]ah-manhd konh-kah-say
陰 切碎的杏仁果
→ **concasser**(P14)

amandes effilées
[アマーンド エフィレ]ah-manhd ay-fee-lay
陰 杏仁片
→ **effiler**(P18)

amandes en poudre
[アマーンド アン プゥドル]ah-manhd anh-poodhr
陰 杏仁粉
= **poudre d'amandes**[プゥドル ダマーンド]

amandes hachées[アマーンド アシェ]
ah-manhd ah-shay
陰 杏仁碎粒、切碎的杏仁果

ananas(單複同形)[アナナ(ス)]
ah-nah-nah(s)
陽 鳳梨

angélique[アンジェリック]anh-zhay-leek
陰 歐白芷、當歸屬、西洋當歸
※指的是砂糖醃漬過。在日本雖名爲歐白芷，但其實是用款冬取代，製成糖漬成品出售。

arachide[アラシッド]ah-hrah-sheed
陰 花生
= **cacahouète**[カカウエット]

arbre[アルブル]ahr-bhr
陽 樹

aveline[アヴリーヌ]av-leen
陰 榛果
= **noisette**

avocat[アヴォカ]ah-vo-kah
陽 酪梨

avocatier[アヴォカティエ]ah-vo-kah-tyeh
陽 酪梨樹

baie[ベ]bay
陰 漿果(=含大量果汁、果肉的果實)、果實
＊baie de genièvre〔～ド ジュニエーヴル〕刺柏漿果、杜松子(juniper berry)。

banane[バナーヌ]bah-nahn
陰 香蕉

bananier[バナニエ]bah-nah-nyeh
陽 香蕉樹、香蕉運輸船

bergamote[ベルガモット]behr-gah-moht
陰 1.柳橙的一種
※因具強烈的苦味，不會直接食用，由橙皮萃取出精油作爲香料使用。紅茶中的伯爵茶就是添加了這款柳橙精油製成。
2.佛手柑糖
→ **bergamote**(P98), **Nancy**(P133)

bigarreau([複]**bigarreaux**)[ビガロ]
bee-gah-hroh
陽 畢加羅甜櫻桃、甜櫻桃
＊bigarreaux confits〔～コンフィ〕糖漬櫻桃(也稱為畢加羅)。

bille[ビユ]beey
陰 小顆粒的漿果(→ **baie**)、球、彈珠

branche[ブラーンシュ]bhranh-sh
陰 枝
→ 附錄 計數方法(P157)

brindille[ブランディーユ]bhrenh-deey
陰 小枝
→ 附錄 計數方法(P157)

bulbe[ビュルブ]bewlb
陽 株、球根、鱗莖

cacao[カカオ]kah-kah-oh
陽 可可豆
→ **chocolat**(P93)

cacaoyer, cacaotier
[カカオイエ、カカオティエ]kah-kah-o-yay
陽 可可樹

cajou[カジュゥ]kah-zhooh
陽 腰果
※腰果樹カシューアップル**pomme de cajou**〔ポム ド カジュゥ〕的種籽。
= **noix de cajou**

carambole[カランボル]kah-hranh-bol
陰 楊桃

cassis(單複同形)[カスィス]kah-sees / kah-see
陽 黑醋栗、黑加侖、黑茶藨子、黑加侖子
＊crème de cassis〔クレム ド～〕黑醋栗利口酒。

cerise[スリーズ]suh-hreez
陰 櫻桃、Cherry

cerisier[スリズィエ]suh-hree-zyeh
陽 櫻桃樹

chair[シェール]shehr
陰 果肉、肉或魚肉、絞肉

châtaigne[シャテーニュ]shah-tehny
陰 栗實
※特別是指總苞中可結二個以上栗果的種類。相對於此，栗子**marron**指的是一個總苞中含一個的種類。
→ **marron**

châtaignier[シャテニエ]shah-teh-nyeh
陽 栗樹

chêne[シェーヌ]shehn
陽 櫟屬的樹木、柏樹或橡樹等

citron[スィトロン]see-thronh
陽檸檬

citron vert[スィトロンヴェール]see-thronh vehr
陽萊姆。青檸、綠色的檸檬
= **lime**

citronnier[スィトロニエ]see-htroh-nyeh
陽檸檬樹

clémentine[クレマンティーヌ]klay-manh-teen
陰小柑橘(克萊門汀)
※橘子和苦橙的交配種。

coco[ココ]ko-koh
陽椰子、椰子的果實
= **noix de coco**

cognassier[コニャスィエ]ko-nyah-syehr
陽榲桲樹(薔薇科榲桲屬)

coing[コワン]kwenh
陽榲桲的果實
→ **cognassier, cotignac**(P104)

coque kok → P104・**coque 2.**

D

datte[ダット]daht
陰椰棗樹的果實、椰棗

dattier[ダティエ]dah-tyehr
陽椰棗樹

écorce[エコルス]ay-kohrs
陰皮、柑橘類的表皮、樹皮
※柑橘類含白色橘絡部分的表皮。相對於此**zeste**指的是帶有顏色的表皮部分。
＊écorce d'orange confite〔~ ドラーンジュ コンフィット〕糖漬橙皮。
→ **zeste**

fève[フェーヴ]

F

feuille[フイユ]fuhy
陰葉子、薄片
→ 附錄 計數方法(P 157)

fève[フェーヴ]fehv
陰蠶豆、陶磁小人偶(放入國王餅**galette des Rois**當中的陶瓷小人偶)
→ **galette des Rois**(P111), **fève de cacao**(P93)

figue[フィグ]feeg
陰無花果

figuier[フィギエ]fee-gyeh
陽無花果樹

fleur[フルール]fluhr
陰花。最好的部分
→ **fleur de sel**(P95・sel)

fraise[フレーズ]fhrehz
陰草莓

(草莓品種見次頁)

fraise des bois[フレーズ デ ボワ]
frehz day bwa
陰森林草莓、野草莓、野生草莓、**Wild Strawberry**

fraisier[フレズィエ]fhreh-zyeh
陽 1.(植物的)草莓
2.使用草莓的糕點名稱
→ **fraisier**(P109)

framboise[フランボワーズ]franh-bwaz
陰 覆盆子

framboisier[フランボワズィエ]
franh-bwa-zyeh
陽（植物的）木莓（覆盆子）

fruit[フリュイ]fhrwee
陽 水果
＊fruit frais〔～フレ〕新鮮水果、生鮮的水果。
＊furits rouges〔～ルージュ〕紅色的水果（覆盆子、草莓、紅醋栗等小顆粒紅色莓果類的統稱）。

fruit de la Passion
[フリュイ ド ラ パスィヨン]
陽 百香果、百香果樹的果實（**Passion**有基督受難之意）

fruit exotique
[フリュイ エグゾティック]
fhrwee duh lah pah-syonh
陽 異國的水果、熱帶水果。

fruit sec[フリュイ セック]fhrwee sehk
陽 堅果、乾燥水果、乾燥果實

goyave[ゴヤーヴ]goh-yahv
陰 芭藥、黃番石榴、番石榴

grain[グラン]ghrenh
陽 粒、果實、穀粒、種籽
＊poivre en grain〔ポワーヴル アン～〕粒狀胡椒、grain de café〔～ド カフェ〕咖啡豆。
→ **pépin**

graine[グレーヌ]ghrehn
陰 種、種籽

grenade[グルナッド]ghruh-nahd
陰 石榴的果實

草莓的品種　les variétés de fraise

Gariguette[ガリゲット]
陰 佳麗格特早生種。中型、細長、果肉堅硬、多汁且酸味強、具香氣。是歐洲主要的品種，栽植量大。

Mara des Bois[マラ デ ボワ]
陰 馬拉度斯品種七月當季。圓形、果肉柔軟、具酸味、有香氣。和森林草莓（野草莓）的風味近似。
→ **fraise des bois**

Senga Sengana[センガ センガナ]
陰 森加森
晚生種。中型、圓錐形、果肉堅硬、多汁且甜、有麝香香氣。用於果醬加工等。

fraise des bois[フレーズ デ ボワ]
※左邊是普通的草莓

grenadier[グルナディエ]
陽 石榴樹

grenadine[グルナディーヌ]ghruh-nah-deen

陰 石榴的紅色糖漿、紅石榴糖漿

griotte[グリヨット]ghree-yoht

陰 格賴沃特品種的櫻桃、酸櫻桃

groseille[グロゼイユ]ghroh-zehy

陰 紅醋栗、紅加侖、紅茶藨子

groseille à maquereau

[グロゼイユ ア マクロ]

ghroh-zehy ah mah-khroh

陰 鵝莓、黑醋栗

※醋栗(currant)的一種、泛白的綠色顆粒較大。也有果實是紅或紫紅色。

⇒ **maquerau** 陽 鯖

groseille［グロゼイユ］

groseille à maquereau
［グロゼイユ ア マクロ］

jus[ジュ]zhew

陽 果汁、肉汁、高湯

＊jus de cuisson〔～ドキュイソン〕煮汁。

＊jud de fruit〔～ドフリュイ〕果汁、jus d'orange〔～ドラーンジュ〕柳橙汁、鮮榨柳橙汁。

kiwi[キウィ]kee-wee

陽 奇異果

lime[リム]leem

陰 萊姆

＝ **citron vert**

litchi[リチ]lee-chee

陽 荔枝

mandarine[マンダリーヌ]manh-dah-hreen

陰 柑橘、橘子

mangue[マーング]manhg

陰 芒果

marron[マロン]mah-hronh

陽 栗、栗實

※一個總苞中僅一個栗實，大顆栽培品種的栗子。

→ **châtaigne**

marronnier[マロニエ]mah-hroh-nyeh

陽 栗樹、(大顆栽培品種的)栗木

melon[ムロン]muh-lonh

陽 甜瓜

※上市時期，無論哪個品種都是六～九月。

(甜瓜品種見次頁)

merise[ムリーズ]muh-hreez

陰 野生的櫻桃

mûre[ミュール]mewhr

陰 黑莓。桑椹果實

mûrier[ミュリエ]mew-hryeh

陽 桑樹

muscat［ミュスカ］mews-kah
陽 麝香葡萄

myrtille［ミルティーユ］meehr-teey
陰 藍莓、越橘的果實與樹

nectar［ネクタール］nehk-tahr
陽 花蜜、濃郁果汁、神酒（飲用後可以不老永生的神仙酒）

nectarine［ネクタリーヌ］nehk-tah-hreen
陰 桃駁李、油桃
＝ **brugnon**［ブリュニョン］陽

nèfle［ネフル］nehfl
陰 歐渣**néflier**（薔薇科歐渣屬）的果實
※在日本一般木瓜海棠（薔薇科木瓜屬）在法語當中稱之爲**cognassier de Chine**〔コニヤスィエ ド シーヌ〕。

nèfle du Japon［ネフル デュ ジャポン］
nehfl dew zhah-ponh
陰 枇杷
※植物學上與歐渣**nèfle**雖是不同種，但形狀類似故得此名。
＝ **bibace**［ビバス］。順道一提**bibacier**［ビバシエ］是指枇杷樹。

noisette［ノワゼット］nwa-zeht
陰 榛果、榛樹的果實（形 榛子色的）
＝ **aveline**
→ **beurre noisette**（P91）

noix（單複同形）［ノワ］nwa
陰 核桃、大型核桃、堅果類
＊huile de noix〔ユイル ド～〕核桃油。
＊une noix de beurre〔ユンヌ～ド ブール〕核桃大小的奶油（バターひとかけ）。

noix de cajou［ノワ ド カジュゥ］
nwa duh kah-zhoo
陰 腰果＝ **cajou**

甜瓜的品種 les variétés de melon

Galia［ガリア］
陽 加利亞甜瓜
圓形且表皮爲網狀，果肉淡綠且味甜、香氣十足。

Jaune Canari［ジョーヌ カナリ］
陽 黃甜瓜
大的橢圓形，表皮不具網狀，呈黃色（金絲雀色）。果肉是淡綠色。味甜多汁無香氣。

Vert Olive［ヴェール オリーヴ］
陽 Vert Olive品種的甜瓜
大的橢圓形，表皮不具網狀、呈橄欖色。果肉是淡綠色，味甜、脆口。

Charentais［シャランテ］
陽 哈密瓜
※普羅旺斯卡瓦永**Cavaillon**（P130）的哈密瓜最有名（以ムロン・ド・カヴァイヨン **melon de Cavaillon**之名上市）。有表皮不具網狀的**Charentais lisse**品種，和表皮有明顯網狀的**Charentais brodé**品種。表皮是淡綠色。果肉是橙色且味甜。具香氣極爲美味，但無法久放。

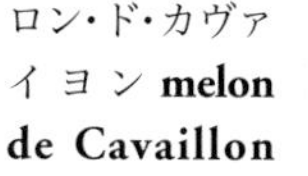

noix de coco［ノワ ド ココ］
nwa duh ko-koh
陰 椰子、椰子的果實
※利用脂肪成分中豐富的白色胚乳部分。
＊lait de noix de coco〔レ ド～〕椰奶、noix de coco râpée〔～ラペ〕刨削的椰子、椰子絲。

noix de ginkgo［ノワ ド ジャンコ］
nwa duh zhenh-koh
陰 銀杏

noix de macadam[ノワ ド マカダム]
nwa duh mah-kah-dam
陰 澳洲堅果、夏威夷豆

noix de pacane(pecan, pécan)[ノワドパカーヌ(ペカン)]nwa duh pah-kahn(pay-kanh)
陰 胡桃、山核桃

noix du Brésil[ノワ デュ ブレズィル]
nwa duh bhray-zeel
陰 巴西堅果
※產於巴西等地，細長的大型堅果。油脂成分豐富。

noyau([複]**noyaux**)[ノワイヨ]nwa-yoh
陽 核
※桃、櫻桃、杏桃等的種籽(果實中央有一個種籽、仁)。
→ **grain, pépin**

orange[オラーンジュ]o-hranh-zh
陰 柳橙(形 橙色的)
＊orange sanguine〔～ サンギーヌ〕血橙。écorce d'orange confite〔エコルス ドラーンジュ コンフィット〕糖漬橙皮、柳橙皮的砂糖醃漬。
＊lever les segments des oranges〔ルヴェ レ セグマン デ ゾラーンジュ〕將柳橙的果肉由橙瓣中取出。
→ **segment**

oranger[オランジェ]o-hranh-zhay
陽 橙樹
→ **eau de fleur d'oranger**(P88)

pamplemousse[パンプルムゥス]
panh-pluh-moos
陽 葡萄柚
※本來的葡萄柚是**pomélo, pamplemousse**則是指文旦、但現已被混合使用了。

papaye[パパユ]pah-pahy
陰 木瓜

pastèque[パステック]pahs-tehk
陰 西瓜

patate[パタート]pah-taht
陰 甘薯
＝ **patate douce**[～ ドゥース]

peau([複]**peaux**)[ポ]poh
陰(蘋果、梨子等的薄皮)表皮、皮膚

pêche[ペシュ]peh-sh
陰 桃子
＊pêche de vigne〔～ ド ヴィーニュ〕果肉是紅色的桃子品種。

pêcher[ペシェ]peh-shay
陽 桃樹

pédoncule[ペドンキュル]pay-donh-kewl
陽 花柄、花梗、(草莓的)蒂頭
※支撐著每朵花的細枝稱爲花柄，也稱爲花梗。

pépin[ペパン]pay-penh
陽(水果的)種籽
※蘋果、葡萄等一個果實中有複數的種籽。只有一個的是**noyau**。穀粒或咖啡、種籽系的辛香料等使用的是**grain**[グラン]。**graine**[グレーヌ]是指所有的種籽。
→ **noyau**
＊huile de pépins de raisin〔ユイル ド～ド レザン〕葡萄的種籽(葡萄籽)油。
＊framboises pépins〔フランボワーズ～〕含籽的覆盆子(樹莓)果醬。

pétale[ペタル]pay-tahl
陽 花瓣、花被片
＊pétal de rose〔～ ド ローズ〕玫瑰的花瓣。

pignon[ピニョン]pee-nyonh
陽 松實(義大利石松的種籽)

pistache[ピスタシュ]pees-tahsh
陰 開心果

plante[プラーント]planht
陰 植物

poire[ポワール]pwahr
陰 西洋梨(洋梨)

※西洋梨也分秋梨、夏梨、冬梨。
(西洋梨品種如下)

poirier[ポワリエ]pwa-hryeh
陰 西洋梨(洋梨)樹

pois(單複同形)[ポワ]pwa
陽 豆、豌豆

西洋梨的品種 les variétés de poire

Beurré Hardy[ブーレ アルディ]

buh-ray ahr-dee
(陰 多作陰性詞)Beurré Hardy品種的西洋梨
秋梨。中等大小或略大型，形狀歪斜不端正。外皮堅硬、略帶淡黃綠至古銅的黃褐色。果肉柔軟多汁，香氣足、味甜。

Conférence[コンフェランス]

konh-feh-hranhs
陰 **Conférence**品種的西洋梨
秋梨。中型且十分細長、表皮是帶綠的黃色。果肉風味細緻且香氣十足，多汁微酸。

Doyenné du Comice

[ドワイエネ デュ コミス]
dwa-yeh-nay dew koh-mees
陰 Doyenné du Comice品種的西洋梨

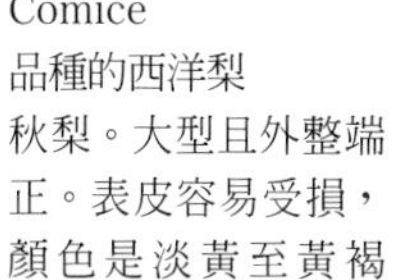

秋梨。大型且外整端正。表皮容易受損，顏色是淡黃至黃褐色。果肉白且柔軟，入口即化，香氣佳，多汁味甜。

Général Leclerc

[ジェネラル ルクラーク]
zhay-nay-hrahl luh-klehr
(陽 多作陽性詞)**Général Leclerc**品種的西洋梨

秋梨。中～大型，滴垂形、表皮呈褐色、果肉柔軟具強烈甜味。也有無籽的品種。

Le Lectier[ル レクチェ]luh lehk-tyeh

陽(也會加上**Poire**後成爲陰性名詞)Le Lectier品種的西洋梨

是誕生於1882年的古老品種。十一月以後成熟、大型、成熟後表皮會呈古銅色。果肉白且柔軟、風味極佳。多汁酸甜，香氣足。

Passe-Crassane[パスクラサーヌ]

pahs-khrah-sahn
陰 Passe-Crassane品種的西洋梨

冬梨。圓且大型。表皮厚且帶黃的綠皮上有紅色斑點，成熟時會變成黃褐色。果肉白，口感略爲粗糙。多汁味甜。帶少許酸味。

(Poire) Williams

[(ポワール) ウィリアムス]
(pwahr)wee-lee-yahms
陽・陰(也常會加上**Poire**成爲陰性名詞)威廉品種的西洋梨
也稱爲**Bon-Chrétien Williams**、巴特利特梨**Bartlett**。原產於義大利。夏梨、大型且細長、表皮幾乎是黃色，果肉柔軟甘甜，香味極佳。使用了這個品種製作的白蘭地「西洋梨白蘭地**Poire Williams**」非常著名，也適合直接食用。

pollen[ポレンヌ]po-lonh
陽 花粉

pomélo[ポメロ]po-may-loh
陽 葡萄柚
※也拼作**pomelo**。
→ **pamplemousse**

pomme[ポム]pom
陰 1.蘋果（關於品種請參考下述）
＊pomme verte〔～ヴェールト〕青蘋果。
＝ **pomme fruit**[～ フリュイ]
2.馬鈴薯
＝ **pomme de terre**[～ ド テール]

pommier[ポミエ]po-myeh
陽 蘋果樹

prune[プリュンヌ]phrewhn
陰 李、歐洲李
（關於品種請參考次頁）

pruneau([複]**pruneaux**)[プリュノ]
phrew-noh
陽 乾燥李子、洋李乾
＊pruneaux d'Agen〔～ダジャン〕阿讓的乾燥李子。法國西南部阿讓的名產，肉厚且柔軟的美味乾燥李子，十分有名。
（關於品種請參考次頁）

prunier[プリュニエ]phrew-nyeh
陽 李樹

pulpe[ピュルプ]pewlp
陰 果肉、果肉製成果泥的成品（＝ **purée**）

蘋果的品種 les variétés de pomme

Calville[カルヴィル]kahl-veel
陰 Calville品種的蘋果
古老的品種。表皮是帶黃的綠色。有著近似草莓的香氣，甘甜隱約帶著酸味。

Granny Smith[グラニー スミス]
ghrah-nee smees
陰 Granny Smith品種的蘋果

晚熟種，約十一～五月才上市。表皮綠色帶著略白的斑點。果肉硬脆很有口感，多汁具酸味。甜度中等但缺乏香氣。

Reinette[レネット]hreh-neht
陰 Reinette品種的蘋果
誕生於法國的品種群，雖然生產量少但卻受到相當的喜愛。有酸味，經常被使用於糕點中。還可以再細分出各個品種。

Reine des Reinette
[レーヌ デ レネット]
hrehn day hreh-neht
陰 Reine des Reinette品種的蘋果

八～十一月上市。表皮黃色帶有紅色線條。果肉白且硬脆緊實，酸味強。香氣佳。

Reinette grise du Canada
[レネット グリーズ デュ カナダ]
hreh-neht ghreez dew kah-nah-dah
陰 Reinette grise du Canada品種的蘋果

十～五月上市。形狀凹凸不勻，表皮是鐵鏽色（淡沈的黃褐色）。果肉堅硬，果汁略少。甜中有著恰到好處的酸味，香氣佳。
※傳統的品種，因生產量減少，Golden Delicious品種和Jonagold品種的蘋果等，與日本共通的品種也被廣為栽植和利用。

purée[ピュレ]pew-hray
陰 果泥。水果的果肉搗碎製成的膏狀物

racine[ラスィーヌ]hrah-seen
陰 根

raisin[レザン]hray-zenh
陽 葡萄

raisin sec[レザン セック]hray-zenh sehk
陽 乾燥葡萄、葡萄乾
＊raisin de Californie〔～ド カリフォルニ〕加州葡萄乾（主要用於一般的黑褐色產品）。

李子的品種 les variétés de prune

mirabelle[ミラベル]mee-hrah-behl
陰 黃香李
洛林Lorraine(P132)地方的特產。顆粒小且圓。表皮帶紅的黃色或黃色，果肉也是黃色。用這款李釀造的白蘭地也同名稱之。梅斯**Metz**(洛林地域圈的主要城市)的黃香李表皮是黃色帶紅，南錫**Nancy**(P133)的黃香李是黃色的，比梅斯的大。

prune d'Ente[プリュンヌ ダーント]
phrewhn danht
陰 prune d'Ente品種的李子
稱爲阿讓乾燥李子**prune d'Agen**。被加工的乾燥李子、雖然是以「阿讓黑李乾**pruneaux d'Agen**」而聞名，但直接生食也非常美味(→ **Agen** P129)。八月中旬是產期。中型大小、表皮是濃重的酒紅色。果肉是帶綠的黃色。多汁味甜。

quetsche, questche
[クェッチ、ケッチ]kweh-ch
陰 quetsche品種的李子
也被稱作阿爾薩斯**Alsace**(P129)的大馬士革**quetsche**李。是法國東部的特產。八月是產期。中型、表皮是帶黑的青色，在光線下也可以看出其中帶紅。果肉是泛綠的黃色。多汁具酸味。這種李子製成的白蘭地也以**quetsche**稱之。

reine-claude[レーヌクロード]
hrehn-klohd
陰 reine-claude品種的李子
最具代表的是產期在七月底，顆粒大呈橢圓形，表皮紅紫，果肉是略帶綠的黃色。芳香且味道非常甘甜。也有表皮是綠色或黃色的品種。

葡萄乾的種類 les variétés de raisin sec

raisin de Corinthe
[レザン ド コラーント]hray-zenh duh koh-renht
陽 科林斯葡萄乾、加侖子
顏色深濃、顆粒小的葡萄乾。有酸味。

raisin de Málaga
[レザン ド マラガ]hray-zenh duh mah-lah-kah
陽 馬拉加葡萄乾
顆粒大呈紅紫色。有麝香葡萄香氣的葡萄乾。
→ **mendiant**(P115)

raisin de Smyrne[レザン ド スミルヌ]
hray-zenh duh smeehrn
陽 士麥那葡萄乾
顆粒小具透明感的金黃色，有麝香葡萄香氣的葡萄乾。

sultanine[スュルタニーヌ]sewl-tah-neen
陽 蘇丹娜葡萄乾
湯普森無籽**Thompson seedless**種的葡萄乾燥製作而成。略白的綠色系，也經常被運用在糕點製作上。

rhubarbe[リュバルブ]hrew-bahrb 📷

陰 Rhubarb、食用的大黃

※蓼科。帶紅色的綠色葉柄具有爽口的酸味，莖會製成果醬或糖漬後食用。運用在藥材或染料的是大黃的同類植物。

sapin[サパン]sah-penh

陽 日本冷杉

＊sapin de Noël〔～ドノエル〕耶誕樹。

＊miel de sapin〔ミエル ド ～〕冷杉蜂蜜（甘露蜜）。

segment[セグマン]sehk-manh

陽 柳橙瓣、切片

→ **orange, quartier**(P143)

tige[ティージュ]teezh

陰 莖

végétal([複]**végétaux**)

[ヴェジェタル([複] ヴェジェト)]

vay-zhay-tahl([複] vay-zhay-toh

陽 植物(主要使用複數形)

(形 végétal[複]**végétaux** / **végétale** 植物的、植物性的)

＊huile végétale〔ユイル～〕植物油。

vigne[ヴィーニュ]vee-ny

陰 葡萄樹、葡萄園

zeste[ゼスト]zehst

陽(柑橘類的)外皮、表皮

※僅帶有顏色的表面部分。

＊zeste de citron〔～ドスィトロン〕檸檬表皮。

→ **écorce**

rhubarbe[リュバルブ]

香草・辛香料及其他

aneth[アネット]ah-neht

陽 蒔蘿

anis(單複同形)[アニ(ス)]ah-nees

陽 大茴香

＊faux anis〔フォ ザニ〕蒔蘿。

(faux 形 偽造的)

anis étoilé[アニゼトワレ]ah-nees-ay-twah-lay

陽 八角、八角茴香

cannelle[カネル]kah-nehl

陰 Cinnammon、桂皮、肉桂

＊bâton de cannelle〔バトンド～〕肉桂棒。

cerfeuil[セルフイユ]sehr-fuhy

陽 香葉芹(山蘿蔔)

※繖形科的香草。具穩定的香氣，形狀顏色都很漂亮，因此常被用於生鮮糕點的裝飾。

clou de girofle[クルゥ ド ジロフル]

kloo duh zhee-hrofl

陽 丁子香、丁香

＝ **girofle**

coriandre[コリヤーンドル]koh-hryandhr

陰 芫荽、香菜

eau de fleur d'oranger

[オ ド フルール ドランジェ]

o duh fluhr do-hranh-zhay

陰 橙花水、柳橙花的水

※柳花蒸餾後提煉出的精華

→ **navette**(P117)

épice［エピス］ay-pees
陰 香辛料、香料
＊quatre-épices〔カトレピス〕胡椒、肉豆蔻、肉桂、丁香的粉末混合後的綜合辛香料。
→ **pain d'épice**(P118)

gingembre［ジャンジャーンブル］
zhenh-zhanh-bhr
陽 薑、Ginger

girofle［ジロフル］zhee-hroh-fl
陽 丁子香、丁香
＝ **clou de girofle**

gousse［グゥス］goos
陰 (豆類等的)豆莢、一片
＊gousse de vanille〔～ドヴァニーユ〕香草莢。
→ 附錄 計數方法(P157)

herbe［エルブ］ehrb
陰 草、草本、香草

lavande［ラヴァーンド］lah-vanhd
陰 薰衣草

menthe［マーント］manht
陰 薄荷、mint

moutarde［ムタルド］moo-tahrd
陰 芥末、黃芥末

muscade［ミュスカッド］mews-kahd
陰 nutmeg、肉荳蔻

poivre［ポワーヴル］pwavhr
陽 胡椒、pepper

réglisse［レグリス］hray-glees
陰 甘草、liquorice
※豆科的多年草本植物。根部含有的甜度物質是砂糖的10倍，被當作甜味材料來使用。在歐洲常見甘草味的糖果。

safran［サフラン］sah-fhranh
陽 番紅花

thym［タン］tenh
陽 百里香

vanille［ヴァニーユ］vah-neey
陰 香草、vanilla
＊gousse de vanille〔グゥス ド～〕香草莢、香草豆。extrait de vanille〔エクストレ ド～〕香草萃取精華原液(萃取液)、香草精華液、香草精。

酒・飲料

alcool［アルコール］ahl-kol
陽 酒精、酒精飲料

anisette［アニゼット］ah-nee-zeht
陰 大茴香的利口酒

armagnac［アルマニャック］ahr-mah-nyak
陽 雅馬邑白蘭地
※法國南西部的雅馬邑**Armagnac**地方所生產的白蘭地。

bénédictine［ベネディクティーヌ］
bay-nay-deek-teen
陰 班尼狄克丁香甜酒(廊酒)、添加了各種辛香料和香草香氣製作出的琥珀色利口酒
※起源於本篤會**Bénédictin**修士所釀造。

bière［ビエール］byehr
陰 啤酒

boisson［ボワソン］bwa-sonh
陰 飲品、飲料

café［カフェ］kah-fay
陽 1.咖啡
＊café au lait〔～オレ〕咖啡歐蕾。
2.(提供咖啡或紅茶、酒精類等飲料和輕食的店)咖啡館

café soluble［カフェ ソリューブル］
kah-fay-so-lewbl
陽 即溶咖啡
※**soluble**是「溶化」的形容詞。

calvados［カルヴァドス］kahl-vah-dos
陽 蘋果白蘭地、蘋果發酵而成的氣泡蘋果酒蒸餾後製成的白蘭地
※諾曼第**Normandie**卡爾瓦多斯**Calvados**的特產。
→ **cidre, Normandie**(P133)

champagne［シャンパーニュ］shanh-pahny
陽 香檳、香檳**Champagne**地方所製作出的氣泡葡萄酒
→ **Champagne**(P130)

chartreuse［シャルトルーズ］shahr-thruhz
陰 添加了各種辛香料或香草香氣的利口酒
※在大沙特勒斯山修道院(**La Grande-Charteuse**)製作出來故以此得名。

cidre［スィードル］seedhr
陽 蘋果氣泡酒、蘋果酒
※諾曼第**Normandie**地方的特產、蘋果發酵後製作出的氣泡釀造酒。
→ **Normandie**(P133), **calvados**

cognac［コニャック］ko-nyahk
陽 干邑白蘭地
※干邑**Cognac**地方所生產的白蘭地。

Cointreau［コワントロ］kwenh-throh
陽 君度橙酒、柳橙利口酒
※white curaçao的商標。
→ **curaçao**

crème de cassis［クレム ド カスィス］
khrehm duh kah-sees
陰 醋栗(黑醋栗)的利口酒

curaçao［キュラソー］kew-hrah-soh
陽 柳橙利口酒
※有無色透明的柳橙利口酒— **curaçao blanc**〔～ ブラン〕和琥珀色的柳橙利口酒— **curaçao orange**〔～ オラーンジュ〕、上了色的藍色柳橙利口酒— **curaçao bleu**〔～ ブル〕。

eau［オ］o
陰 水
＊eau chaude〔～ショッド〕、eau bouillante〔～ブイヤーント〕熱水、eau tiède〔～ティエッド〕溫水、eau froide〔～フロワッド〕冷水。
→ **bouillant**(P43), **tiède**(P47), **froid**(P45)

eau-de-vie［オドヴィ］o-duh-vee
陰 白蘭地(用葡萄酒製作的蒸餾酒)

eau (minérale) gazeuse
［オ (ミネラル) ガズーズ］o mee-nay-hrahl
陰 加了氣體的礦泉水、氣泡水 ⇔ **eau (minérale) plate**［オ (ミネラル) プラット］無氣泡礦泉水。
→ **plat**(P42)

eau minérale［オ ミネラル］o mee-nay-hrahl
陰 礦泉水

Grand Marnier［グラン マルニエ］
ghranh-mahr-nyeh
陽 柑曼怡香橙干邑香甜酒
※Marnier=Lapostolle公司柳橙利口酒的商標。以柳橙和干邑白蘭地製作而成。
→ **curaçao**

infusion［アンフュズィヨン］enh-few-zyonh
陰 1.香草茶、熬煮汁液
2.浸煮製作(糖度低、水果萃取成分多的利口酒)
＊infusion de framboise〔～ド フランボワーズ〕覆盆子利口酒。
→ **infuser**(P24)

kirsch［キルシュ］keehr-sh
陽 櫻桃酒、櫻桃白蘭地蒸餾酒
※無色透明的櫻桃白蘭地。在日本因輸入關稅較低，因此添加了砂糖製成利口酒販售。

liqueur[リクール]lee-kuhr
陰 利口酒
※蒸餾酒中添加了水果、辛香料或香草等風味製作而成的混合風味酒。

madère[マデール]mah-dehr
陽 馬德拉酒
※葡萄牙領土馬德拉島所產的甜葡萄酒。

marasquin[マラスカン]mah-hrahs-kenh
陽 瑪拉斯欽櫻桃利口酒

pastis(單複同形)[パスティス]pahs-tees
陽 添加liquorice(甘草)、大茴香等香氣的利口酒
⇒ **Ricard**[リカール]、**51**[サンカンテアン]具代表性法國茴香酒的商標

porto[ポルト]pohr-toh
陽 波爾圖酒、波特酒
※葡萄牙產的甜葡萄酒。

rhum[ロム]hrom
陽 蘭姆酒

thé[テ]tay
陽 茶、紅茶

thé vert[テ ヴェール]tay vehr
陽 綠茶、日本茶、抹茶

tisane[ティザンヌ]tee-zahn
陽 香草茶

Triple sec[トリプル セック]threepl sehk
陰 柳橙利口酒
※透明柳橙利口酒的商標。
→ **curaçao, triple**(P144)

vin[ヴァン]venh
陽 葡萄酒
＊vin rouge〔～ ルージュ〕紅葡萄酒、vin blanc〔～ブラン〕白葡萄酒

乳製品

babeurre[バブール]bah-buhr
陽 酪漿(白脫牛奶)
※鮮奶油提煉出奶油後殘留的液體。有極佳的風味經常用於糕點製作。

beurre[ブール]buhr
陽 奶油
＊beurre demi-sel〔～ ドゥミセル〕薄鹽奶油、beurre salé〔～ サレ〕含鹽奶油、beurre doux〔～ドゥ〕無鹽奶油(不添加食鹽的奶油)。

beurre clarifié[ブール クラリフィエ]
buhr klah-ree-fyeh
陽 清澄奶油
※融化奶油的上半清澄處。→ **clarifier**(P14)

beurre fondu[ブール フォンデュ]
buhr fonh-dewh
陽 融化奶油 → **fondu**(P45)

beurre noisette[ブール ノワゼット]
buhr nwa-zeht
陽 焦化奶油(榛果色奶油)
※焦化成榛果色的奶油。

caillé[カイエ]kah-yeh
陽 curd、凝乳
※乳類因凝乳酵素或酸性而使其凝固之狀態。可以直接當作新鮮起司使用。

chèvre[シェーヴル]shevhr
陽 山羊起司、契福瑞起司。
＝ **fromage de chèvre**〔フロマージュ ド ～〕
陰 (母)山羊

crème[クレム]khrehm
陰 1.打發鮮奶油、鮮奶油
＊crème double〔～ ドゥブル〕乳脂肪成分高的鮮奶油。
＊... à la crème〔アラ～〕加入鮮奶油的…、…的白醬燉煮。
2.糕點用鮮奶油

3.多層蛋糕的鮮奶油
4.糊狀的濃湯、奶油濃湯
5.濃郁的甜利口酒
＊crème de cacao〔～ドカカオ〕可可利口酒。

crème aigre[クレム エーグル]khrehm eh-ghr
陽酸奶
＊法國沒有的鮮奶油種類。
→ **acide**(P39)

crème épaisse[クレム エペス]
khrehm eh-pehs
陰發酵鮮奶油
※用乳酸菌使其醱酵的鮮奶油。酸味不及酸奶，但有其獨特的濃郁及風味。半固體。

crème fleurette[クレム フルーレット]
khrehm fluh-hreht
陰液狀鮮奶油
※未發酵的新鮮鮮奶油。
＝ **crème liquide**[クレム リキッド]

crème fraîche[クレム フレシュ]
khrehm fhreh-sh
陰打發鮮奶油、鮮奶油
※法國的鮮奶油規格中，不使用這樣的單字，但一般也會稱爲**crème fleurette**。

fromage[フロマージュ]fhro-mah-zh
陽起司。填裝成起司形狀的料理或糕點

fromage blanc[フロマージュ ブラン]
fhro-mah-zh blanh
陽白起司的意思。未熟成新鮮起司的一種
→ **fromage frais**

fromage fondu
[フロマージュ フォンデュ]fhro-mah-zh fonh-dew
陽加工起司

fromage frais[フロマージュ フレ]
fhro-mah-zh fhray
陽新鮮起司
※僅使用乳酸發酵未經熟成的起司。與白起司**fromage blanc**、茅屋起司或奶油起司類似。

lait[レ]leh
陽牛奶、乳、乳狀物
＊café au lait〔カフェ オ～〕咖啡歐蕾、lait d'amande〔～ダマーンド〕杏仁奶。
→ **laitier**(P142)

lait concentré[レ コンサントレ]
leh konh-sanh-thray
陽煉乳、無糖煉乳
→ **concentrer**(P14)

lait écrémé[レ エクレメ]leh ay-khray-may
陽脫脂牛奶

lait écrémé en poudre
[レ エクレメ アン プゥドル]
leh ay-khray-may enh poodhr
陽脫脂奶粉

lait en poudre[レ アン プゥドル]
leh enh poodhr
陽全脂奶粉

persillé[ペルスィエ]pehr-see-yeh
陽藍紋起司、藍黴起司
＝ **bleu**(P40)

petit lait[プティ レ]puh-tee lay
陽乳清、乳漿

yaourt[ヤウール]yah-oohrt
陽優格

油脂

friture[フリテュール]fhree-tewhr
陰油炸物、炸油

graisse[グレス]ghrehs
陰油脂、脂肪
＊graisse végétale〔～ヴェジェタル〕植物性脂肪、酥油(shortening[英])、graisse animale〔～アニマル〕動物性脂肪。

huile[ユイル]weel
陰油脂、油
＊huile d'olive〔～ドリーヴ〕橄欖油。

margarine[マルガリーヌ]mahr-gah-hreen
陰乳瑪琳

saindoux[サンドゥ]senh-doo
陽豬油、豬背油

巧克力

ballotin[バロタン]bah-lo-tenh
陽盛裝巧克力球的盒子
※在1915年比利時的巧克力專賣店「紐豪斯ノイハウス**Neuhaus**」的第三代老闆珍紐豪斯Jean Neuhaus發想出來。
→ **bonbon au chocolat**(P100)

beurre de cacao[ブール ド カカオ]
buhr duh kah-kah-oh
陽可可脂

cabosse[カボス]kah-bos
陰可可莢、可可果(巧克力是這種果實的種籽＝使用可可豆製作)

cacao[カカオ]kah-kah-oh
陽可可、巧克力
→ **poudre de cacao**

chocolat[ショコラ]sho-ko-lah
陽巧克力、可可、熱巧克力
＊chocolat de laboratoire〔～ド ラボラトワール〕、chocolat à cuire〔～ア キュイール〕糕點製作用巧克力(可可成分比覆蓋巧克力低，用於添加至麵團或甘那許等奶油餡)。
→ **couverture**

chocolat amer[ショコラ アメール]
sho-ko-lah ah-mehr
陽苦甜巧克力
→ **amer**(P39)

cabosse[カボス]

chocolat au lait[ショコラ オレ]
sho-ko-lah o lay
陽牛奶巧克力
＝ **chocolat lacté**〔ショコラ ラクテ〕

chocolat blanc[ショコラ ブラン]
sho-ko-lah blanh
陽白巧克力
＝ **chocolat ivoire**〔ショコラ イヴォワール〕

couverture[クヴェルテュール]
koo-vehr-tewhr
陰覆蓋巧克力、可可脂比例高、具良好流動性的糕點製作用巧克力(整體的可可成分高，風味佳)
＊甜味巧克力類：couverture noire〔～ノワール〕(覆蓋黑巧克力)、couverture foncée〔～フォンセ〕(顏色深濃的覆蓋巧克力)。
＊牛奶巧克力類：couverture au lait〔～オレ〕、couverture lactée〔～ラクテ〕。
＊白巧克力類：couverture blanche〔～ブラーンシュ〕、couverture ivoire〔～イヴォワール〕。

fève de cacao[フェーヴ ド カカオ]
fehv duh kah-kah-oh
陰可可豆
＝ **grain de cacao**

gianduja[ジャンデュジャ、ジャンデュヤ]
zhyanh-dew-zhah
陽(占度亞巧克力堅果醬、也會標示成gianduia)砂糖、可可(32%以上)、烤焙過的榛果(20～40%)混拌後碾磨成膏狀的成品

glaçage chocolat
[グラサージュ ショコラ]glah-sah-zh sho-ko-lah
陽鏡面巧克力

※巧克力或可可當中添加水、牛奶、鮮奶油等水分，再用麥芽糖或明膠調整濃度製作而成。有市售品。特別是想要在完成時呈現光澤度的產品，稱爲鏡面巧克力**miroir chocolat**。

grain de cacao[グラン ド カカオ]
ghrenh duh kah-kah-oh
陽 可可豆

grué de cacao[グリュエ ド カカオ]
ghrew-ay duh kah-kah-oh
陽 煎焙後碾碎的可可豆、可可碎粒

miroir chocolat[ミロワール ショコラ]
mee-hrwahr sho-ko-lah
陽 鏡面巧克力
※表面呈現柔軟，凝固成鏡面般具光澤的成品。使用此製作的蛋糕也可稱之。
→ **miroir**(P142)

pailleté chocolat[パイユテ ショコラ]
pahy-tay sho-ko-lah
陽 巧克力脆片 → **pailleté**(P46)

pâte à glacer[パータグラセ]pah-tah-glah-say
陰 覆淋用巧克力、澆淋用巧克力
※爲使其具良好的延展性，添加植物性油脂的巧克力。即使不經過調溫也可以漂亮地凝固。

pâte de cacao[パート ド カカオ]
paht duh kah-kah-oh
陰 可可塊

poudre de cacao[プゥドル ド カカオ]
poodhr duh kah-kah-oh
陰 可可粉
＝ **cacao en poudre**〔カカオ アン プゥドル〕

tablette de chocolat
[タブレット ド ショコラ]tah-bleht duh sho-ko-lah
陰 板狀巧克力
※tablette是指錠劑(平薄的圓形)(銅板形狀的覆蓋巧克力也可用tablette稱之)。
＝ **plaque de chocolat**[プラック ド ショコラ]

théobromine[テオブロミーヌ]
tay-oh-bhroh-meen
陰 可可中所含生物鹼的一種

調味料・添加物

acide citrique
[アスィッド スィトリック]ah-seed see-threek
陽 檸檬酸 → **acide**(P39)

additif alimentaire
[アディティフ アリマンテール]
ah-dee-teef ah-lee-manh-tehr
陽 食品添加物 → **alimentaire**(P43)

agar-agar[アガラガール]ah-gahr-ah-gahr
陽 寒天

assaisonnement[アセゾヌマン]
ah-say-zohn-manh
陽 調味、調味料、調味佐料
→ **assaisonner**(P12)

bicarbonate de soude
[ビカルボナット ド スッド]
bee-kahr-boh-naht duh sood
陽 碳酸輕鈉、小蘇打

carraghénane[カラゲナーヌ]
kah-hrah-zhay-nahn
陽 卡拉膠　※由紅藻類製作出的凝固劑。

colorant[コロラン]ko-loh-hranh
陽 食用色素、色素
※分爲一般糕點用的水溶性色素，和巧克力用的油溶性色素。
＊colorant rouge〔～ルージュ〕食用紅色素。
→ **colorer**(P14)

conservateur[コンセルヴァトゥール]
konh-sehr-vah-tuhr
陽 防腐劑 → **conserver**(P14)

crème de tartre[クレム ド タルトル]
khrehm duh tahr-tr

陰塔塔粉、酒石酸氫鉀
※爲打發蛋白等所使用的起泡劑、穩定劑，此外，也具防止糖液結晶化的作用，也被用於翻糖或糖果加工上。

émulsifiant[エミュルスィフィヤン]
ay-mewl-see-fyanh
陽乳化劑
※以卵磷脂等將水和油乳化的物質。
→ **émulsionner**(P19)

essence[エサーンス]ay-sanhs
陰精華、萃取物。水溶性香料
※將香氣成分溶於酒精中的成品。雖易溶於水，但一旦加熱就容易揮發導致香氣消失。
＊essence de citron〔～ドスィトロン〕檸檬香精。

extrait[エクストレ]ehks-thray
陽萃取物、酊劑
※以溶劑(酒精)天然香氣成分萃取、濾過後的液體。是比一般成爲香精的產品更爲濃縮之物質。
＊extrait de vanille〔～ドヴァニーユ〕香草精萃。

gélatine[ジェラティーヌ]zhay-lah-teen
陰明膠(吉利丁)
※凝固果凍、慕斯等的凝固劑。
＊feuille de gélatine〔フイユ ド～〕板狀明膠、gélatine en poudre〔～アンプゥドル〕明膠粉。

gélifiant[ジェリフィヤン]zhay-lee-fyanh
陽凝固劑、膠化劑
⇒ **gélifier**[ジェリフィエ] 他膠化

glucose[グリュコーズ]glew-kohz
陽glucose、葡萄糖、麥芽糖
＊glucose atomisé〔～アトミゼ〕麥芽糖粉(麥芽糖噴霧atmiser〔アトミゼ〕乾燥後的製品)。

gomme arabique[ゴム アラビック]
gohm ah-hrah-beek
陰阿拉伯樹膠、阿拉伯膠
※增黏劑。也用於呈現光澤時。

levain[ルヴァン]luh-venh
陽麵包種、起種
＊levain naturel〔～ナテュレル〕發酵種、酵母。

levure[ルヴュール]luh-vewhr
陰酵母菌、膨脹劑

levure chimique[ルヴュール シミック]
luh-vewhr shee-meek
陰泡打粉、化學膨脹劑

levure sèche[ルヴュール セシュ]
luh-vewhr seh-sh
陰乾燥酵母菌

oxyde de titane
[オキスィッド ド ティターヌ]
ohk-seed duh tee-tahn
陽二氧化鈦
※作爲白色食用色素，用於糖衣果仁(dragée)、巧克力和翻糖等。

parfum[パルファン]pahr-fuhnh
陽香料。香氣
→ **parfumer**(P28)

pectine[ペクティーヌ]pehk-teen
陰果膠
※用於果醬等的凝固劑。

sel[セル]sehl
陽鹽
＊gros sel〔グロ～〕粗鹽、sel fin〔～ファン〕精製鹽、fleur de sel〔フルールド～〕鹽之花(由海水提煉出的鹽、採集形成在鹽田表面純度極高結晶之成品)。

stabilisateur[スタビリザトゥール]
stah-bee-lee-zah-tuhr
陽穩定劑
※用於輔助砂糖的再結晶、防止水分流失、幫助乳化等各種作用之添加物。

sucre inverti[スュクル アンヴェルティ]
sew-khr enh-vehr-tee

陽轉化糖
※蔗糖以酸水解或用酵素分解葡萄糖和果糖而來。具保濕性。

tréhalose[トレアローズ]thray-ah-lohz
陽海藻糖
※以TOREHA的商標銷售。保水、保濕力極高的糖，除了作爲甜味劑使用之外，也被當添加劑使用，具有保持食品品質和改善食品風味等用途。

trimoline[トリモリーヌ]three-moh-leen
陰轉化糖(トリモリン是日文讀音)
※轉化糖的商標。
→ **sucre inverti**

Vidofix[ヴィドフィクス]vee-doh-feeks
陽穩定劑(增黏劑)的商標。關華豆膠由豆科植物的瓜爾豆所製成。以瓜爾豆膠爲基底製作的冰淇淋、打發鮮奶油等可以防止其分離。也可作乳化劑使用。

Vitpris[ヴィトプリ]vee-phree
陽果醬用的凝固劑商標
※含有葡萄糖、萃取自水果的果膠、檸檬酸的物質。

糕點、麵團或奶油餡、副材料

abaisse［アベス］ah-behs

陰 1. 薄薄地擀壓的麵團

2. 橫向將烘烤完成的熱內亞海綿蛋糕切成二片或三片

→ **abaisser** (P11)

Agneau Pascal［アニョ パスカル］

Agneau Pascal［アニョ パスカル］

ah-nyoh pahs-kahl

陽 復活節**Pâques**的羔羊

※在阿爾薩斯**Alsace**地方，復活節星期日早餐吃的糕點。用陶製模型將餅乾麵團烘烤成羔羊的形狀，再撒上糖粉的糕點。

→ **Pâques** (P161 附錄 慶典) , **Alsace** (P129)

allumette［アリュメット］ah-lew-meht

陰 1. 切成火柴棒般條狀

※塗上蛋白糖霜的折疊派皮麵團，烘烤成的長方形小點心。

→ **glace royale**

2. 火柴棒

amandine［アマンディーヌ］ah-manh-deenh

陰 裝填了杏仁奶油餡的塔餅

※表面全部撒滿杏仁片後烘烤，完成時再刷上杏桃果醬。

appareil［アパレイユ］ah-pah-hrey

陽 1.（糕點製作中）數種材料的混合體。材料、麵糊（多用於高流動性者）

＊appareil à flan〔～ア フラン〕餡餅的奶蛋液、布丁的材料、麵糊。

2. 機械

＊appareil ménager〔～メナジェ〕家電（微波爐或吸塵器等。形 ménager / ménagère〔メナジェ／メナジェール〕家事的）。

baba［ババ］bah-bah

陽 加入葡萄乾的發酵麵團，放入芭芭模**dariole**中烘烤、再浸泡至蘭姆酒糖漿的糕點。據說這個糕點是以一千零一夜的主角，阿里巴巴而命名。

→ **savarin, dariole** (P50)

barbe à papa［バルバ パパ］

bahrb ah pah-pah

陰 綿花糖、綿花糖果、Barbapapa

※爸爸的鬍鬚之意。

barre fourrée chocolatée

［バール フレ ショコラテ］

bahr foo-ray sho-ko-lah-tay

陰 巧克力棒、牛軋糖或堅果等，用巧克力包裹住的巧克力糖果點心

bavarois［バヴァロワ］bah-vah-hrwa

陽 巴伐利亞奶油、巴伐露、芭芭露亞

※英式蛋奶醬中加入打發鮮奶油，以明膠凝固製成的冰涼糕點。也可以添加各式各樣的水果果泥、咖啡或巧克力等增添風味。

形 **bavarois / bavaroise**［バヴァロワ／バヴァロワーズ］拜仁的、巴伐利亞的

※巴伐利亞是以慕尼黑為中心，德國的一個邦名。

beignet[ベニェ]beh-nyeh

陽 貝涅餅、法式炸餅、麵衣

＊beignet aux fruits 〔～オフリュイ〕水果的貝涅餅（水果沾裹麵衣油炸製作的點心。麵衣是麵粉、蛋黃、砂糖混拌，再加入泡打粉、蛋白霜等，略為油炸後製作而成，或沾裹發酵麵團等。在普羅旺斯連紫丁花或槐花都可製作貝涅餅。）。

berawecka, berewecke
[ベラヴェッカ]

berawecka, berewecke

[ベラヴェッカ]beh-lah-wee-kah

陽（阿爾薩斯語）從耶誕節至新年期間食用，阿爾薩斯**Alsace**地方的傳統糕點。是洋梨麵包的意思。

※用麵粉、酵母菌（傳統用的是啤酒酵母）、肉桂或肉荳蔻等辛香料、鹽、少量的水製成的發酵麵團，相較於麵團，更使用了大量以洋梨爲主的各式乾燥水果、糖漬水果（也有以櫻桃酒添加風味的作法）混拌後烘烤成棒狀。

→ **Alsace** (P129)

bergamote[ベルガモット]

bergamote[ベルガモット]

behr-gah-moht

陰 1. 佛手柑糖

※添加了下述佛手柑香氣的糖果。南錫的佛手柑**bergamote de Nancy**〔～ド ナンスィ〕很有名（照片）。

2. 柳橙的一種

→ **bergamote** (P79) ，**Nancy** (P133)

berlingot[ベルランゴ]

berlingot[ベルランゴ]

behr-lenh-koh

陽 金字塔形狀的糖果

※薄荷風味是綠色，此外水果風味則是黃色、紅色等各式顏色的透明糖飴，與飽含了空氣變成白色不透明的糖飴，成束地拉成細長棒狀，再以專用工具分切製成。南法的卡龐特拉**Carpentras**、羅亞爾河流域的南特**Nantes**、卡昂**Caen**等地方的名產。

bichon au citron

[ビション オ スィトロン]bee-shon oh see-thronh

陽 比雄、檸檬風味派

※巧酥的一種、折疊派皮麵團中填裝了檸檬風味的奶油餡烘烤，有著焦糖表面的派餅。

→ **chausson, caraméliser** (P13)

biscuit[ビスキュイ]bees-kwee

陽 餅乾、海綿蛋糕

※打發的雞蛋、砂糖、麵粉製作膨鬆輕盈蛋糕的總稱。也包含利用泡打粉使其膨鬆的烘烤糕點。原本是「二次**bis**、烘烤**cuit**」的意思、指的是如乾燥麵包般易於保存攜帶的麵包。

＊pâte à biscuit〔パータ～〕海綿蛋糕麵糊（大多使用在添加蛋白霜，分蛋打發法的海綿蛋糕）

＊biscuit roulé〔～ルレ〕海綿蛋糕卷（烘烤成片狀的海綿蛋糕製成的蛋糕卷）。

biscuit à la cuiller(cuillère)

［ビスキュイ ア ラ キュイエール］

bees-kwee ah lah-kwee-yehr

陽 烘焙小西點、手指餅乾

※絞擠成細長的小型棒狀，表面撒了砂糖後烘烤而成的輕盈餅乾。名字則是在擠花袋發明之前，是以勺子**cuille**製作而成。

→ **cuiller** (P61)

biscuit de Reims

［ビスキュイ ド ラーンス］bees-kwee duh hrenhs

陽 蘭斯 **Reims** 的海綿蛋糕

※香檳地區的蘭斯名產。長方形撒上砂糖，脆且口感輕盈。也有染成粉紅色帶著香草香氣的成品。

= **biscuit rose**

→ **Reims** (P134)

biscuit de Savoie

［ビスキュイ ド サヴォワ］bees-kwee duh sah-vwa

陽 薩瓦**Savoie**的海綿蛋糕

※利用具高度圓筒形，滿是凹凸狀的模型烘烤。雞蛋配比較多，確實地打發後烘烤。此外，可將部分麵粉替換成玉米粉，能使成品柔軟膨鬆。據說十四世紀時出現於薩瓦。

→ **Savoie** (P134)

biscuit glacé［ビスキュイ グラセ］

bees-kwee glah-say

陽 分蛋打發的海綿蛋糕，與百匯**parfait**或冰淇淋組合而成的多層蛋糕。冰淇淋蛋糕

→ **parfait**

biscuit Joconde

［ビスキュイ ジョコーンド］bees-kwee zhoh-konhd

陽 杏仁海綿蛋糕

※添加了杏仁粉、奶油的濃郁海綿蛋糕。用於歐培拉**Opéra**或聖馬克**Saint-Marc**蛋糕等，用途廣泛。**Joconde**也指李奧納多・達文西所繪的肖像畫－蒙娜・麗莎。

＊pâte à biscuit Joconde〔パータ～〕巧克力海綿蛋糕麵糊。

→ **Opéra, Saint-Marc**

biscuit rose［ビスキュイ ローズ］

bees-kwee hrohz

陰 粉紅色的海綿蛋糕

= **biscuit de Reims**

blanc-manger［ブランマンジェ］

blanh-manh-zhay

陽 法式杏仁奶凍（白色食物之意）

※杏仁奶（杏仁碾磨後榨出的液體）添加甜度，再以明膠凝固的奶凍。現在大多是在牛奶中添加杏仁香氣製作。

→ **manger** (P26)

blini(s)［ブリニ(ス)］blee-nee

陽 小煎餅、俄羅斯鬆餅、蕎麥粉鬆餅

※可搭配魚子醬食用的小型鬆餅。

bombe glacée［ボーンブ グラセ］

bonhb glah-say

陰 圓頂冰淇淋。以被稱為bombe（砲彈的意思）的半球形模型製作而成的冰涼糕點。

※半球形圓頂模型中放入雪酪或冰淇淋，使其緊貼於模型內側並在中央處形成凹陷，倒入炸彈麵糊，使其凍結製作而成。

→ **pâte à bombe, moule à bombe** (P50)

bonbon［ボンボン］bonh-bonh

陽 糖果、糖球

※大多的糖果（以砂糖為主要原料的糕點）均以此稱之。

→ **bonbon à la liqueur, bonbon au chocolat, bonbonnière** (P55)

bonbon à la liqueur

[ボンボン ア ラ リクール]

bonh-bonh ah lah lee-kuhr

陽 利口酒糖

※過飽和糖漿中混入高酒精濃度的酒類，倒入玉米澱粉中央形成的凹陷處，使其凝固製作而成。凝固後會形成砂糖結晶化的外殼（表層膜），中央留有液狀的酒。也有使用巧克力製成的巧克力糖球。

bonbon à la liqueur [ボンボン ア ラ リクール]

bonbon au chocolat

[ボンボン オ ショコラ]bonh-bonh o sho-ko-lah

陽 以巧克力爲主要材料製作的小型糖果

※以砂糖爲主要材料的糖果**confiserie**歸類在另一個範圍。與糕餅店**pâtisserie**不同，由巧克力專門店**chocolaterie**的師父製作並販售。以覆蓋巧克力包裹中央部分**intérieur**（內餡）製作而成，中央部分可以是甘那許、牛軋糖等具口感的食材，也可以是帕林內**praline**或杏仁膏般的膏狀物，或是奶油餡、慕斯般的成品、翻糖（風凍）添加酒類的半液狀、利口酒糖般液狀物等等，具豐富變化。

→ **chocolaterie, confiserie**（以上P140），**enrober**（P19），**tempérer**（P34），**tremper**（P35）

＝ **bonbon de chocolat**[ボンボンドショコラ]

bostock[ボストック]bos-tok

陽 烘烤成圓筒形的皮力歐許切薄片後，表面塗抹上杏仁奶油餡，再撒放杏仁片後再次烘烤而成的糕點（完成時撒上糖粉）

→ **brioche**

bostock[ボストック]

bouchée[ブシェ]boo-shay

陰 一口大小的糕點。小糕點、小型的派餅

※折疊派皮麵團製成的容器內，盛裝一口大小的糕點或料理。

＊bouchée aux fruits〔～オ フリュイ〕水果小點心（照片）。

⇒ **bouche**[ブゥシュ] 陰（人類的）嘴。一口大小

bouchée[ブシェ]

bouchée au chocolat

[ブシェ オ ショコラ]

boo-shay o sho-ko-lah

陰 一口大小的巧克力糕點

※雖然大小或形狀各式各樣，但指的大約是**bonbon au chocolat**三倍大小的糕點。與**bonbon au chocolat**同樣地包覆中央食材、以覆蓋巧克力薄薄倒入模型後凝固裝填材料，再包覆上覆蓋巧克力的成品，用小紙盒盛裝完成的糖果糕點，像松露巧克力**truffe**等。

→ **bonbon au chocolat, truffe**

Bourdaloue[ブルダルー]boohr-dah-loo 📷

陽 布爾達盧風味

※因法國巴黎的街道**rue Bourdaloue**而得名。

＊tarte Bourdaloue〔タルト～〕洋梨和杏仁奶油餡的塔（照片）。

tarte Bourdaloue
［タルト ブルダルー］

brioche[ブリヨシュ]bhree-osh

陰 皮力歐許、布里歐

※以大量雞蛋和奶油配比的發酵麵團烘烤而成。作爲星期日早餐等享用，宛若糕點般豐富口感的麵包。

＊brioche à tête〔～アテット〕帶頭型的皮力歐許（僧侶皮力歐許）、brioche de Nanterre〔～ドナンテール〕吐司麵包形狀的皮力歐許（Nanterre是鄰近巴黎，上塞納省Hauts-de-Seine的省會所在）。

bugne［ビューニュ］

bûche de Noël[ビュシュ ド ノエル]

bewsh duh no-ehl

陰 柴薪形耶誕蛋糕

※耶誕柴薪的意思。傳統的蛋糕是蛋糕卷外，以咖啡或巧克力風味的奶油餡，包覆塗抹成樹幹外觀，再裝飾上以蛋白餅製作的蕈菇裝飾等。

→ **Noël** (P160 附錄 慶典)

calisson［カリソン］

bugne[ビューニュ]bewny 📷

陰 在里昂**Lyon**嘉年華時食用的油炸糕點。將發酵麵團薄薄地擀壓成樹葉形狀，或切成細長型扭花後油炸

→ **Lyon** (P133) , **Carnaval** (P161 附錄 慶典) , **merveille**

cake[ケック]kehk

陽 水果蛋糕、磅蛋糕

※借用英文的**cake**〔ケイク〕而來。在法國，主要是指添加了乾燥水果的奶油麵糊，放入磅蛋糕模內烘烤而成的蛋糕。

calisson[カリソン]kah-lee-sonh 📷

陽 卡莉頌杏仁糖

※幾公分長的小船形狀，表面覆有具光澤白色糖衣的柔軟糖果。杏仁果和糖漬水果（哈密瓜、柳橙等）碾磨後混入糖漿，塡裝至模型中使其凝固而成。普羅旺斯地區艾克斯**Aix-en-Provence**的名產。

→ **Aix-en-Provence** (P129) , **treize desserts**

cannelé de Bordeaux

［カヌレ ド ボルド］kahn-lay duh bohr-doh 📷

陽 波爾多 **Bordeaux**的可麗露

※**cannelé**是「有溝」的意思。專用模型中融化蜂蠟，倒入以麵粉、砂糖、雞蛋、牛奶、香草和蘭姆酒混拌後的麵糊，經過長時間烘烤至表面堅硬呈焦化茶色，內部黏軟的糕點。

＊appareil à cannelé〔アパレイユア カヌレ〕可麗露的麵糊（奶蛋液）。

→ **cannelé** (P44) , **Bordeaux** (P130) , **moule à cannelé** (P51) , **cire d'abeille** (P140)

cannelé de Bordeaux
［カヌレ ド ボルドー］

caramel［カラメル］kah-hrah-mehl

陽 焦糖、牛奶糖

※砂糖焦化後製成。另外，加入鮮奶油或奶油凝固的一種牛奶糖。在日本大部分作爲糕點食用的稱爲キャラメル（牛奶糖）、作爲醬汁或增添風味使用的稱爲カラメル（焦糖）。

＊caramel mou〔～ムゥ〕柔軟的牛奶糖、sauce au caramel〔ソースオ～〕焦糖醬。

charlotte［シャルロット］

charlotte［シャルロット］shahr-lot 📷

陰 夏露蕾特

※現今，一般是將海綿蛋糕貼在模型內側，填裝芭芭露亞等內餡冷卻凝固製成。另外海綿蛋糕或切成薄片的麵包貼在模型內側，倒入以雞蛋爲基底的奶油餡或糖煮水果等，再隔水加熱的溫熱點心也可屬之。

＊charlotte aux poires〔～オ ポワール〕洋梨夏露蕾特（照片）。

→ **moule à charlotte** (P52)

charlotte à la russe

［シャルロット ア ラ リュス］shahr-lot ah lah-hrews

陰 俄羅斯風格的夏露蕾特

※海綿蛋糕舖入夏露蕾特模型後，倒入芭芭露亞冷卻凝固的冰涼糕點。十九世紀時，由法國廚師卡漢姆 **Carême**發想出來。最初被稱爲巴黎風 **à la parisienne**〔ア ラ パリズィエンヌ〕，法蘭西第二帝國（1852～1870年）時，流行「俄羅斯風格」的料理，因而改爲此名。

→ **biscuit à la cuiller**, **bavarois**, **Carême, Antonin** (P136) , **moule à charlotte** (P52) , **russe** (P134・**Russie**)

chausson[ショソン]shoh-sonh

陽 巧酥

※拖鞋的意思。折疊派皮麵團包入糖漬水果或糖煮水果等，之後對折烘烤而成的糕點。

＊chausson aux pommes〔～オ ポム〕蘋果巧酥。

Chiboust[シブゥスト]shee-boost

陽 吉布斯特塔。填裝了吉布斯特油餡，表面撒上砂糖並使其焦化的塔

＊tarte Chiboust aux pommes〔タルト～オ ポム〕蘋果吉布斯持塔

※蘋果用奶油和砂糖拌炒，派皮麵團舖放至模型中，連同奶蛋液一起烘烤，再填裝吉布斯特奶油餡製作而成的塔。

→ **crème Chiboust, Chiboust** (P136)

chou à la crème([複]**choux à la crème**)[シュゥ ア ラ クレム]

shoo ah lah khrehm

陽 奶油泡芙

※泡芙麵團烘烤而成的表皮，中間填裝卡士達奶油餡的糕點。**chou**是捲心菜的意思。

→ **pâte à choux**

chouquette[シュケット]shoo-keht

陰 撒上珍珠糖**sucre en grains**烘烤而成的小泡芙

※麵包店販售的點心。沒有裝填奶油餡。

cigarette[スィガレット]see-gah-hreht

陰 1.雪茄、煙捲餅乾

2.貓舌餅乾**langue-de-chat**麵團烘烤成圓形，趁熱將其捲成細長筒狀的餅乾。迷你花式點心Petits fours secs之一

→ **langue-de-chat, petits-fours secs**

clafoutis[クラフティ]klah-foo-tee

陽 克拉芙緹

※麵粉、雞蛋、砂糖、奶油和牛奶混拌成的麵糊中加入水果，放至陶製模型中烘烤而成的樸質點心。起源於利穆贊**Limousin**或普瓦圖**Poitou**，傳統使用整顆帶核黑櫻桃。

→ **Limousin** (P132) , **Poitou** (P134)

chausson[ショソン]

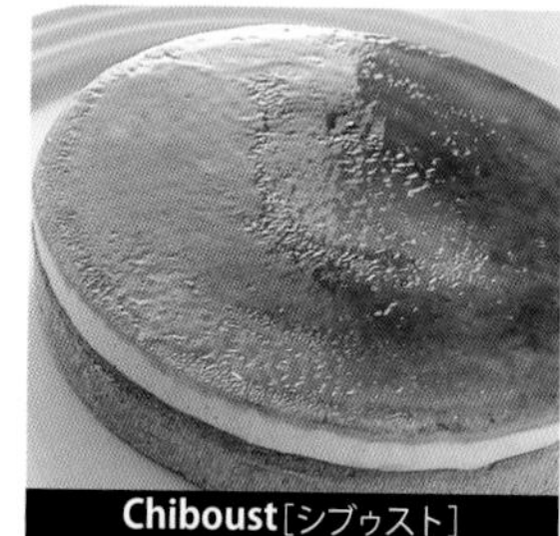

Chiboust[シブゥスト]

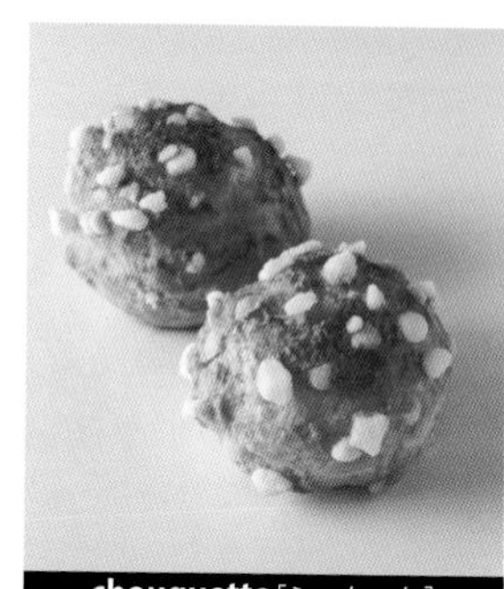

chouquette[シュケット]

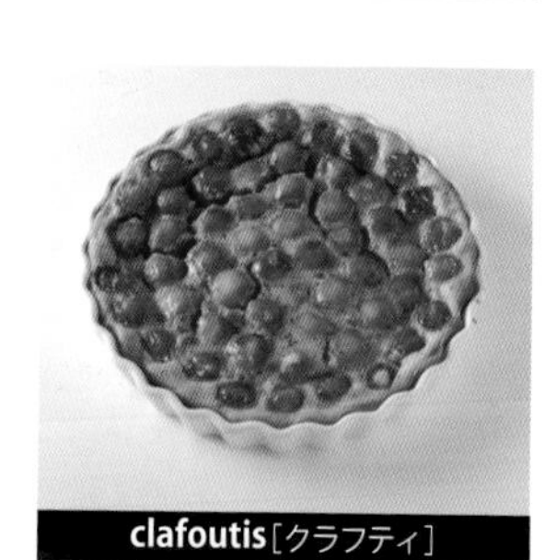

clafoutis[クラフティ]

colombier[コロンビエ]ko-lonh-byeh

陽 科隆比耶蛋糕

※聖靈降臨節**Pentecôte**時所食用，含杏仁和糖漬橙皮風味的烘烤糕點。**colombier**是鴿舍的意思。**colombe**特別指白鴿，聖靈的象徵。

→ **Pentecôte** (P162 附錄 慶典)

colombier[コロンビエ]

compote[コンポット]konh-pot

陰 糖煮水果、糖漿燉煮水果

confiserie[コンフィズリ]konh-feez-hree

陰 1.砂糖糕點、糖果

※指糖飴、牛奶糖、牛軋糖、法式水果軟糖**pâte de fruit**等。

→ **pâte de fruit**

2.糖果店、糖果製造業

confit[コンフィ]konh-fee

陽 糖漬、砂糖醃漬、油(脂)漬、醋漬

形 **confit** / **confite**[コンフィ／コンフィット]砂糖、醋等醃漬。浸入油脂中，低溫緩慢加熱

→ **confire** (P14), **fruit confit**

confiture[コンフィテュール]

konh-fee-tewhr

陰 殘留果肉形狀的果醬、高濃度糖煮水果preserves的果醬

＊confiture de fraises〔～ドフレーズ〕草莓果醬。

→ **gelée 2.**

conversation[コンヴェルサスィヨン]

konh-vehr-sah-syonh

陰 折疊派皮舖放至塔餅模型內，裝填杏仁奶油餡，再刷塗上蛋白糖霜的烘烤點心

copeau([複]**copeaux**)[コポ]ko-poh

陽 刨花、裝飾有薄削巧克力的糕點

※copeau是刨屑的意思。溶化巧克力薄薄地傾倒在大理石的工作檯上，待其柔軟地凝固時，用刮刀刮取製作。因如刨屑般薄且捲圓的形狀因而得名。

coque[コック]kok

陰 1.蛋白霜絞擠成半圓球形，烘烤至乾燥的成品。

※將二個半圓夾入奶油餡貼合，包覆奶油餡或翻糖(風凍)製作的糕點。

2.(雞蛋、堅果的)殼

cornet kohr-nay → P66・**cornet 3.**

cotignac[コティニャック]ko-tee-nyahk

陽 奧爾良**Orléans**名產的榲桲果凍

※加入砂糖、麥芽糖熬煮的榲桲**coing**果汁，用明膠使其凝固製成。透明淡淡的粉紅色，裝入薄木製圓形容器販售。

→ **Orléans** (P133), **coing** (P80)

coulis[クリ]koo-lee

陽 庫利、果泥狀的果汁

＊coulis de fraise〔～ドフレーズ〕草莓庫利。

coussin de Lyon[クサン ド リヨン]

koo-senh duh lyonh

陽 意思是里昂**Lyon**的坐墊**coussin**，綠色的杏仁醬包覆腰果看起來彷彿是坐墊形狀，是里昂著名的糖果。

→ **Lyon** (P133)

craquelin[クラクラン]khrahk-lenh

陽 1.帶著酥脆口感的點心故以此命名
※以此命名的地方糕點，使用發酵麵團再搭配各式配方和形狀，各地都有其特色之作。
2.脆酥餅乾（沾裹加了杏仁粒的糖漿烘烤而成、作爲製作糕點的材料使用）
= **craquelin d'amandes**[～ ダマーンド]

crème anglaise[クレム アングレーズ]

khrehm anh-glehz
陰 英式蛋奶醬、卡士達醬
※也稱爲英式醬汁**sauce anglaise**。將添加了蛋黃、砂糖、香草的牛奶熬煮至濃稠製作而成。

crème à saint-honoré

[クレム ア サントノレ]khrehm ah senh-to-no-ray
陰 → **crème Chiboust**

crème au beurre[クレム オ ブール]

khrehm o buhr
陰 法式奶油霜
※基本的法式奶油霜分成三種、奶油和炸彈麵糊**pâte à bombe**混拌而成、奶油和義大利蛋白霜混拌而成**meringue italienne**，以及奶油和卡士達醬混拌而成的**crème pâtissière**。
→ **pâte à bombe, meringue italienne, crème pâtissière**

crème caramel[クレム カラメル]

khrehm kah-hrah-mehl
陰 焦糖布丁
※混拌雞蛋、砂糖和牛奶倒入模型中，加熱使其凝固製成。
= **crème renversée**

crème catalane[クレム カタラーヌ]

khrehm kah-tah-lahn
陰 加泰隆尼亞烤布蕾
※似近卡士達奶油餡且添加肉桂和檸檬風味的蛋奶醬放入模型中，表面焦糖化的西班牙點心。
→ **catalan** (P130・**Catalogne**)

crème chantilly[クレム シャンティイ]

crème chantilly
陰 添加了砂糖打發的鮮奶油、香緹鮮奶油
※據說名字是來自於香緹堡。
→ **Chantilly** (P130)

crème Chiboust[クレム シブゥスト]

khrehm shee-boost
陰 吉布斯特奶油餡。添加明膠的卡士達奶油餡和義大利蛋白霜混拌而成的奶油餡
※用於聖多諾黑**saint-honoré**。由十九世紀的糕點師父吉布斯特發想出來。
→ **saint-honoré, Chiboust** (P136)

crème d'amandes

[クレム ダマーンド]khrehm dah-manhd
陰 杏仁奶油餡
※杏仁粉、砂糖、奶油和雞蛋等量混合而成的奶油餡。不會直接食用，而是裝填至塔餅作爲內餡烘烤。

crème de marrons[クレム ド マロン]

khrehm duh mah-ronh
陰 栗子奶油餡
※栗子泥中加入砂糖、香草製作而成。糕點用的帶有栗子風味的各種奶油餡皆屬之。
= **crème au marron**[クレム オ マロン]
→ **marron** (P82)

crème diplomate

[クレム ディプロマット]khrehm dee-plo-maht
陰 卡士達鮮奶油
※diplomate是外交官的意思。卡士達奶油中加入打發鮮奶油製作而成。也會添加明膠。

crème fouettée[クレム フウェテ]

khrehm fweh-tay
陰 打發鮮奶油
※不加砂糖打發的鮮奶油。
→ **fouetter** (P22) , **fouet** (P64)

crème frangipane

[クレム フランジパーヌ]khrehm fhranh-zhee-pahn
陰 卡士達杏仁奶油餡。卡士達奶油餡 **crème**

pâtissière和杏仁奶油餡**crème d'amandes**混合製作而成的奶油餡。使用方法與杏仁奶油餡相同。

→ **crème pâtissière, crème d'amandes**

crème mousseline［クレム ムスリーヌ］

khrehm moos-leen

陰 慕斯林奶油餡。混合卡士達奶油餡和奶油，製成成滑順的奶油餡（**mousseline** 形 滑順的）

crème pâtissière

［クレム パティスィエール］khrehm pah-tee-syehr

陰 糕點奶油、卡士達奶油餡

※糕點店奶油餡之意。蛋黃、砂糖、牛奶、麵粉熬煮製作而成的奶油餡。用香草增添香氣。

crème renversée

［クレム ランヴェルセ］khrehm renh-vehr-say

陰 焦糖布丁

※翻轉的（**renversée**）蛋奶醬之意。

→ **renverser** (P32)

＝ **crème caramel**

crémet d'Anjou［クレメ ダンジュ］

khrehm danh-zhoo

陽 安茹白乳酪蛋糕

※安茹**Anjou**，使用新鮮起司（フロマージュ・ブラン **fromage blanc**）製作出來的糕點（**crémet**）。在安茹的中心昂傑**Angers**製作出來，所以也稱作**crémet d'Angers**。

→ **Angers, Anjou** (以上P129)

crêpe［クレップ］khrehp

陰 可麗餅

⇒ **crêpière**［クレピエール］陰 可麗餅鍋

crêpe dentelle［クレップ ダンテル］

khrehp denh-tehl

陰 意思是蕾絲狀的可麗餅。可麗餅麵糊烘烤得極爲薄透，將其平捲成細長形薄脆餅乾。坎佩爾**Quimper**的著名點心

→ **Quimper** (P134)

crémet d'Anjou［クレメ ダンジュ］

crêpe Suzette［クレップ スュゼット］

crêpe Suzette［クレップ スュゼット］

khrehp sewh-zeht

陰 橙香火焰可麗餅、蘇塞特可麗餅

※煎好的可麗餅皮淋上柑橘和柳橙利口酒、砂糖熬煮的混合液，以提供客人食用的溫熱點心。

croissant［クロワサン］khrwa-sanh

陽 1.可頌、用發酵折疊麵團製成新月狀的麵包

2.用杏仁膏和松子製成的半月形花式小點心。

croquant［クロカン］khro-konh

陽 1.添加杏仁果等堅果，有著硬脆口感的餅乾。相同意思也可以用**croquante**陰〔クロカーント〕

2.糖果（硬質糖果）的一種

→ **croquer** (P15) , **croquant** (P44)

croquembouche[クロカンブゥシュ]
khroh-kanh-boosh

陽 泡芙塔

※小泡芙堆疊成圓錐形的大型糕點。用糖衣果仁、糖果等裝飾，在訂婚、結婚、慶生、洗禮等慶賀宴會上，大家分享食用。

croquet[クロケ]khroh-kay

陽 杏仁果、砂糖和蛋白製成具爽脆輕盈口感的餅乾

※形狀有棒狀、舌狀、船形等，也被稱爲法式脆餅 **croquette** 陰。各地均以其特產製成。

＝ **croquet aux amandes**[～ オ ザマンド]

croquignole[クロキニョル]khroh-kee-nyol

陰 用蛋白、砂糖、麵粉（也有添加奶油的）製成，顏色略白的餅乾

※大量生產出棒狀或圈狀的餅乾，也有作成粉紅色。可作爲糕點的裝飾或搭配點綴在飲品或冰涼糕點、冰品上。

croustade[クルスタッド]khroos-tahd

陰 餡餅。以派皮麵團爲容器填裝食材的料理或糕點

＊croustade aux pommes〔～オ ポム〕蘋果酥。

※加斯科涅 **Gascogne** 地方的糕點。擀壓得薄薄的麵團上刷塗奶油，幾片重疊後再填入糖煮蘋果，表面撒上砂糖，烘烤成表皮酥脆的成品。

→ **pastis, Gascogne** (P131)

croûte[クルット]khroot

陰 1.麵包皮、起司表皮

2.外側硬皮、派餅底。裝填入食材的派餅（或麵包）的料理或糕點

＊en croûte〔アン～〕包覆派皮（烘烤）。

Ⓓ

dacquoise[ダクワーズ]dah-kwaz 

陰 達克瓦茲、達可瓦茲

※蛋白霜加入杏仁粉製成的麵糊，烘烤後夾入帕林內奶油餡的糕點。源自朗德 **Landes** 地方達克斯 **Dax**（橢圓形成品則是出自日本）。

→ **Landes** (P132)，**Dax** (P131)

dacquoise[ダクワーズ]

délice[デリス]day-lees

陽 甜的東西、美味的東西

※用於各式各樣的糕點名稱。

dessert[デセール]day-sehr

陽 點心、餐後享用的甜品

＊dessert à l'assiette〔～アラスィエット〕綜合點心盤。

détrempe[デトラーンプ]day-thranhp

陰 基本揉合麵團、麵團

※麵粉、水、鹽（視情況也有添加砂糖、油脂等）混拌整合後的麵團。特別是指製作折疊麵團時，包覆奶油的的麵團。

→ **détremper** (P17)

dorure[ドリュール]doh-rewhr

陰 爲呈現光澤而刷塗的蛋液、刷塗蛋液

→ **dorer** (P17)

dragée［ドラジェ］dhrah-zhay

陰 整顆杏仁果烘焙後，沾裹上具光澤的堅固糖衣製成的糖果。除了直接呈現白色之外，也有染成淡淡粉紅、水藍、和黃色等顏色。

※慶祝婚禮或洗禮儀式時可分得。

duchesse［デュシェス］dew-shehs

陰（公爵夫人的意思）1.蛋白霜製作的外殼**coque**或烘烤成小的圓形貓舌餅乾，再夾入法式奶油霜的花式小餅乾。

→ **coque, langue-de-chat**

2.洋梨的品種之一（大型且柔軟）。使用該款洋梨製作的糕點名稱

3.泡芙中裝填奶油餡，澆淋上糖漿，撒上杏仁果粒或切碎的開心果、或可可粉的點心。

＊à la duchesse〔アラ～〕公爵夫人風格的（經常用於使用杏仁果的糕點名稱）。

échaude［エショデ］ay-shod

陽 麵粉、水、油脂（大齋期**carême**外可使用奶油、添加雞蛋）混拌後的麵團放入熱水中燙煮，再放入烤箱烘烤至乾燥的點心。

※從中世紀開始流傳的古老點心。至十九世紀前都可見街頭販售。

→ **carême**（P161 附錄 慶典）

éclair［エクレール］ay-klehr

陽 閃電泡芙

※絞擠成細長狀烘烤的泡芙餅皮內，填入巧克力或咖啡卡士達奶油餡，表面再塗抹上與奶油餡相同風味的翻糖（風凍）。éclair是雷電的意思。

entrée［アントレ］anh-thray

陰 入口的意思。套餐中最開始食用的料理

※在美國，則是指主菜的意思。

entremets［アントルメ］anh-thruh-may

陽 作爲點心食用的甜食

※料理（**mets**）與料理之間（**entre**）的意思，過去曾經用於宴會中肉類菜餚之間的蔬菜料理或甜食。

＊entremets de cuisine〔～ドキュイズィンヌ〕在餐廳的料理檯所製作的甜食。可麗餅或舒芙蕾等製作後當場食用的甜品。

＊entremets de pâtisserie〔～ドパティスリ〕海綿蛋糕或慕斯等組合製作而成的蛋糕、塔餅或派餅等。包含在糕點範疇的糕餅點心類。

far breton［ファール ブルトン］

fahr bhruh-tonh

陽 布列塔尼**Bretagne**地方的牛奶粥far（麵粉或蕎麥粉製作成粥狀、膏狀的食物）的意思。蛋奶甜點布丁**flan**的一種

※添加了李乾十分著名。

→ **Bretagne**（P130），**flan**

farce［ファルス］fahrs

陰 填充物 → **farcir**（P20）

feuilletage［フイユタージュ］fuhy-tahzh

陽 折疊派皮麵團、（派皮麵團）折疊成多層。

= **pâte feuilletée**

financier［フィナンスィエ］fee-nanh-syeh

陽 費南雪、金磚蛋糕。杏仁粉、蛋白、砂糖、麵粉和焦化奶油（榛果色奶油）混拌後烘烤而成，像金磚形狀的小糕點。

※金融家、富豪之意。糕點的形狀也可以表達出這個意思。（形 **financier** / **financière**［フィナンスィエ／フィナンスィエール］財政的、金融的）

flan［フラン］flanh

陽 1.蛋奶甜點。雞蛋、牛奶、砂糖和少量粉類製作出類似布丁奶蛋液的乳霜狀材料，將此和水果一起放入模型中烘烤出的糕點

2.布丁

＊flan au chocolat〔～オショコラ〕巧克力布丁。

3.塔餅（指將麵團舖放至模型中，填充奶油餡烘烤的成品）

※塔餅用環形塔模**cercle à tarte**也稱爲**flan**模。

＊flan aux pommes〔～オポム〕蘋果塔。

florentin[フロランタン]flo-hranh-tenh

陽 砂糖焦化後加入鮮奶油或奶油製作成焦糖醬，加入杏仁片和切碎的糖漬水果熬煮，再延展成薄圓形烘烤而成。大部分有一面會澆淋上巧克力。也有倒在砂布列麵團(Pâte sablée)上延展烘烤再切分的類型。
※florentin是佛羅倫斯Florence〔フロランス〕的形容詞形。

fond[フォン]fonhd

陽 1.底部、底部麵團
※作爲糕點底部的底座(塔餅麵團或派餅麵團的底座、海綿蛋糕等)。
＝ fond de pâtisserie[～ ド パティスリ]
2.高湯

fondant[フォンダン]fonh-danh

陽 1.翻糖(風凍)、糖霜
※熬煮的糖漿邊攪拌邊使其冷卻，成爲蠟般狀態的物質。糖衣、作爲糖球等的中央部分。
2.有柔軟且入口即融的意思，因此也被用作糕點名稱。
→ fondant (P45)

fondue[フォンデュ]fonh-dew

陰 起司鍋
※在餐桌上，起司加入白酒煮至溶化，取麵包邊沾裹邊食用，是瑞士阿爾卑斯的地方料理。邊保溫融化的巧克力邊將海綿蛋糕、水果、冰淇淋浸入沾裹後食用的點心，稱爲巧克力鍋，也是源自這種地方料理。
→ fondre (P22)

fraisier[フレズィエ]

forêt-noire[フォレノワール]foh-ray-nwahr

陰 巧克力和櫻桃風味的熱內亞海綿蛋糕、櫻桃、巧克力奶油餡層疊的蛋糕。用打發鮮奶油和刨削的巧克力加以裝飾。
※黑森林的意思。德國黑森林蛋糕(黑森林櫻桃蛋糕Schwarzwälder Kirschtorte)的由來。

fouace[フワス]fwas

陰 原形是麵粉揉和的麵團擀壓成圓盤狀，埋在爐灰中烘烤而成的點心。現在則是添加了雞蛋、砂糖和奶油等的發酵麵團，烘烤後製成質樸的傳統點心，在法國各地都有。南法普羅旺斯Provence的特色是在耶誕節食用。
→ Provence (P134)

fraisier[フレズィエ]fhreh-zyeh

陽 1.草莓蛋糕
※烘烤成片狀的海綿蛋糕夾入草莓、卡士達奶油基底的法式奶油霜，表面再覆以粉紅色杏仁膏的蛋糕。
2.(用在植物時)草莓

friand[フリヤン]fhree-yanh

陽 法式海綿小蛋糕、芙利安蛋糕。杏仁風味的小點心。杏仁風味的海綿蛋糕麵糊烘烤成小船形，或橢圓形的成品。

friandise[フリヤンデーズ]fhree-yanh-deez

陰 小且甜的小點心。也是馬德蓮蛋糕、馬卡龍等小型糕點或花色小蛋糕、牛奶糖等糖果、松露巧克力等的總稱。

→ **mignardise**

fruit confit[フリュイ コンフィ]

fruit confit[フリュイ コンフィ]

fhrwee konh-fee

陽 糖漬水果

※用糖漿煮水果，階段性地提高糖漿濃度並浸漬其中，使水果所含的水分與糖漿置換的製品。

→ **confire** (P14)，**confit**

fruit déguisé[フリュイ デギゼ]

fruit déguisé[フリュイ デギゼ]

fhrwee day-gee-zay

陽 堅果或水果（乾燥水果或糖漬等）與杏仁膏混合後，整型成一口大小，澆淋糖飴或沾覆砂糖結晶的小點心　（形 **déguisé** / **déguisée** [デギゼ] 變裝的、偽裝的）

→ **candir** (P13)，**petit-four**

fruit givré[フリュイ ジヴレ]

fhrwee zhee-vray

陽 水果雪酪

※挖出整顆果肉，用果汁製作成雪酪，再將其填裝回果皮內的冰品。（形 **givré** /**givrée** [ジヴレ]被霜雪覆蓋）

＊citron givré〔スィトロンジヴレ〕檸檬雪酪。

→ **sorbet**

galette[ガレット]gah-leht

陰 1. 扁平圓形的糕點總稱

2. 圓形餅乾、圓且小的點心

3. 布列塔尼 **Bretagne** 地方的蕎麥烘餅

galette[ガレット]-3

galette bretonne

[ガレット ブルトンヌ]gah-leht bhruh-tohn

陰 布列塔尼Bretagne地方的烘餅

※使用含鹽奶油製作的圓盤形餅乾

→ **Bretagne** (P130)，**galette**

galette des Rois[ガレット デ ロワ]

gah-leht day hrwa

陰 東方三智者朝聖餅(les Rois)、國王餅

※主顯節Épiphanie時食用的糕點。糕點中會放入一個陶磁小人偶fève，分切吃到的人可以當一日國王。折疊派皮麵團包覆杏仁奶油餡的糕點，也有將皮力歐許麵團烤成環狀的作法，因地方而異。

→ Épiphanie (P160 附錄 慶典), fève (P80)

galette des Rois[ガレット デ ロワ]

gâteau basque[ガト バスク]

ganache[ガナシュ]gah-nah-sh

陰 甘那許、甘納許

※巧克力和鮮奶油的混合液

garniture[ガルニテュール]gahr-nee-tewhr

陰 填充物、沾裹混合、(醬汁的)浮出食材

→ garnir (P23)

gâteau([複]gâteaux)[ガト]ga-to

陽 蛋糕、糕點、蛋糕狀的製品(圓形固態的料理或點心)

gâteau à la broche

[ガト ア ラ ブロシュ]ga-toh ah la bhrosh

陽 加斯科涅Gascogne地方、巴斯克Pays basque所製作近似年輪蛋糕的糕點。在圓錐形的鐵串(Broche)插上逐次少量層層澆淋的麵糊後烘烤而成。

→ Gascogne (P131), Pays basque (P133)

gâteau basque[ガト バスク]

ga-to bahsk

陽 巴斯克蛋糕

※介於塔和奶油蛋糕間的麵團，填裝了卡士達奶油餡或果醬，烘烤而成的大型糕點。表面劃出十字紋圖樣。

→ Pays basque (P133)

gâteau breton[ガト ブルトン]

ga-to bruh-tonh

陽 布列塔尼奶油蛋糕

※介於甜酥麵團和奶油麵團間，整形成大的圓盤狀，表面劃出線條圖案烘烤而成。是布列塔尼Brretagne地方具酥脆口感的點心。

→ Bretagne (P130)

gâteau de riz[ガト ド リ]

ga-to duh hree

陽 米製的蛋糕、米蛋糕

※加入牛奶、砂糖和雞蛋一起熬煮的米，凝固後的冰涼糕點。

gâteau du président

[ガト デュ プレズィダン]

ga-to dew phray-zee-danh

陽 位於里昂Lyon的巧克力與糕點名店「Bérnachon」所製成的巧克力和櫻桃蛋糕

※本是蒙特模蘭西蛋糕gâteau Montmorency(蒙特模蘭西Montmorency是櫻桃產地)，但季斯卡・德斯坦Giscard d'Estaing總統主辦的保羅・博庫斯Paul Bocuse頒獎午宴中提供了這款蛋糕，之後就被稱爲總統蛋糕了。

→ Bocuse, Paul (P136)

gâteau marjolaine

［ガト マルジョレーヌ］ga-to mahr-zhoh-lehn

陽 1933年起超過半世紀持續保持米其林3星榮譽的名店「**Pyramide**」的糕點。被稱爲料理之神的費南德．波伊特**Fernand Point**所發想出，具獨特口感的糕點，蛋白霜底座層疊上三種奶油餡。馬郁蘭是女性的名字

→ **Point, Fernand** (P137)

gâteau week-end［ガト ウィケンド］

ga-to wee-kenhd

陽 用糖霜包覆的檸檬風味磅蛋糕

※直譯的名稱就是週末蛋糕。意思是週末時可以攜帶去野餐或前往別墅的糕點。

→ **quatre-quarts**

gaufre［ゴーフル］gofhr

陰 鬆餅、waffle

※有著蜂巢狀凹凸的點心。利用專用加熱鐵板烘烤。有像薄煎餅一樣鬆軟的，也有烘烤成香脆的。是法蘭德斯**Flandre**地方及比利時的著名點心。

→ **gaufrier** (P50)，**Flandre** (P131)

gaufrette［ゴーフレット］go-fhreht

陰 添加了冰淇淋或雪酪的輕薄餅乾。也可以烤成圓錐形當作冰淇淋甜筒使用。

gelée［ジュレ］zhuh-lay

陰 1.果凍

※用明膠使果汁或葡萄酒凝固的冰涼點心。

＝ **gelée d'entremets**［〜 ダントルメ］

＊en gelée〔アン〜〕歸類於果凍。

2.含大量果膠的果汁和砂糖熬煮成果凍凝固的濃度後製作、不加果肉的果醬

＝ **gelée de fruits**

→ **confiture**

génoise［ジェノワーズ］zhay-nwaz

陰 熱內亞蛋糕、全蛋打發海綿蛋糕

※義大利地名熱內亞**Gênes**的形容詞，陰性詞**génoise**是名詞。

＊pâte à génoise〔パータ〜〕熱內亞蛋糕麵糊。 → **Gênes** (P131)

glaçage［グラサージュ］glah-sah-zh

陽 1.鏡面淋醬。覆淋果凍、糖衣

＊glaçage au chocolat〔〜オショコラ〕巧克力鏡面淋醬。

2.使其結凍

3.增添烘烤色澤

→ **glacer** (P23)

glace［グラス］glahs

陰 1.冰淇淋

＊glace à la vanille〔〜アラヴァニーユ〕香草冰淇淋

2.以糖粉爲基底的糖衣

＝ **glace de sucre**［〜 ド スュクル］

3.冰

glace à l'eau［グラス ア ロ］glahs ah lo

陰 糖粉溶於水的糖衣

※糕點烘烤完成時刷塗使其乾燥。

glace royale［グラス ロワイヤル］

glahs hrwa-yahl

陰 混合糖粉、蛋白、檸檬汁製作的糖衣

※用於火柴餅乾**allumette**、糖霜杏仁奶油派**conversation**等，塗抹在糕點表面後烘烤。或是裝入紙捲擠花袋**cornet**，細細地絞擠作爲糕點的裝飾（**piping**）。

→ **allumette, conversation, cornet** (P66)

gougère［グジェール］goo-zhehr

陰 起司風味的小泡芙

granité［グラニテ］ghrah-nee-tay

陽 粗粒的冰砂

(形 **granité** / **granitée**［グラニテ］有顆粒的、粗粒的)

※在糖度低的糖漿中加入酒或果汁增添風味

並冰凍，刨削製作而成。
⇒ **granit** (e) ［グラニット］陽 花崗岩

gratin［グラタン］ghrah-tenh

陽 焗烤

＊gratin aux fruits〔～オフリュイ〕水果的焗烤（水果澆淋上沙巴雍醬汁 sabayon 後焗烤至表面呈現焦色的點心）。
→ **gratiner** (P23) , **sabayon**

guimauve［ギモーヴ］gee-mohv

陰 棉花糖
※砂糖、麥芽糖、明膠和香料凝固後製成，柔軟且具彈性的糖果。在法語中是指錦葵科的植物（英語則是 **marshmallow**〔マーシュマロウ〕），曾經以這種植物根部的黏液作爲原料，故以此名。
＝ **pâte de guimauve** ［パート ド ～］

île flottante［イル フロターント］

eel floh-tonht
陰 英式醬汁中浮著燙煮過的蛋白霜的點心。「雪浮島」的意思
※**flottante**是**flottant**（［フロタン］形 浮著的意思）的陰性形。
＝ **œufs à la neige**

imbibage［アンビバージュ］enh-bee-bahzh

陽 酒糖液、糖漿
※爲增加海綿蛋糕等的潤澤及風味而浸漬糖漿。添加蘭姆酒或利口酒更能增加香氣。
＝ **punch** → **imbiber** (P24)

kouglof［クグロフ］koo-glohf

陽 庫克洛夫
※有各種拼法，**kuglof,k(o)ugloff, k(o)ugelho(p)f,kugelopf**。有時也不會加入（　）內的字母。
※阿爾薩斯的傳統發酵麵團糕點。近似奶油、雞蛋、砂糖配比較多的皮力歐許麵團，添加了葡萄乾，放入刷塗了奶油且貼上杏仁

kouglof［クグロフ］

kouign-amann［クイーニャマン］

果的陶製庫克洛夫模型中烘烤。
→ **moule à kouglof** (P52)

kouign-amann［クイーニャマン］

kwee-nya-manh
陽 奶油烘餅、法式焦糖奶油酥
※於布列塔尼**Bretagne**地方的杜瓦訥內 **Douarnenez** 附近所製作，在發酵麵團中折疊含鹽奶油和砂糖烘烤而成。
→ **Bretagne** (P130) , **Douarnenez** (P131)

langue-de-chat［ラングドシャ］

lanhg-duh-shah
陰 貓舌餅乾
※貓舌的意思。等量的蛋白、砂糖、麵粉、奶油一起混拌，整形成細長（舌）的形狀，薄薄地烘烤而成。這種麵糊可以整形成各種各式的形狀，也可用來裝飾冰淇淋、點心及蛋糕。
→ **cigarette**

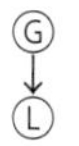

macaron[マカロン]mah-kah-hronh

陽 用杏仁粉、蛋白、砂糖製作的小點心。法國各地都有其特色的馬卡龍，形狀、硬度及風味也各有不同。

macaron d'Amiens
［マカロン ダミアン］

macaron d'Amiens

［マカロン ダミヤン］
mah-kah-hronh dah-myenh

陽 亞眠**Amiens**（皮卡第**Picardie**索姆省會所在）的馬卡龍

※小的圓筒形。加了杏桃或蘋果的果凍**gelée**。

→ **Amiens** (P129) , **Picardie** (P134) , **gelée**

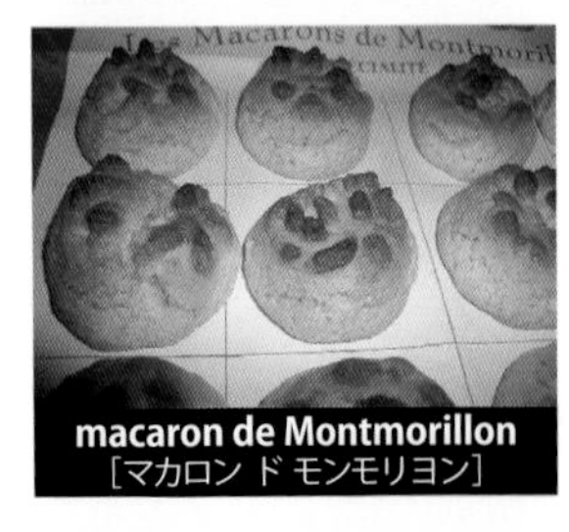

macaron de Montmorillon
［マカロン ド モンモリヨン］

macaron de Montmorillon

［マカロン ド モンモリヨン］
mah-kah-hronh duh monh-moh-hree-yonh

陽 蒙莫里永（普瓦圖**Poitou**地方，維埃納**Vienne**省）的馬卡龍

※絞擠成圓形烘烤。柔軟。

→ **Poitou** (P134)

macaron de Nancy
［マカロン ド ナンスィ］

macaron de Nancy

［マカロン ド ナンスィ］
mah-kah-hronh duh nanh-see

陽 南錫（洛林**Lorraine**的主要中心城市）的馬卡龍

※以添加熬煮糖漿的麵糊製作。圓且扁平的形狀，表面裂紋，硬脆。中央黏軟。

→ **Nancy** (P133)

macaron de Saint-Jean-de-Luz［マカロン ド サンジャンドリュズ］

macaron de Saint-Jean-de-Luz

［マカロン ド サンジャンドリュズ］
mah-kah-hronh duh senh-zhonh-duh-lewz

陽 聖讓德呂茲（巴斯克**Pays basque**）的馬卡龍

※厚實的半圓形。 → **Pay basque** (P133)

macaron lisse［マカロン リス］

mah-kah-hronh lees

陽 滑順的馬卡龍、巴黎風馬卡龍

macaron parisien

［マカロン パリズィヤン］

mah-kah-hronh pah-ree-syenh 📷

陽 巴黎風馬卡龍

※也稱爲**macaron lisse**〔マカロン リス〕（意思是滑順的馬卡龍）。打發蛋白製作而成。具光澤且有各種顏色，夾入法式奶油霜和果醬。

macaron parisien
［マカロン パリジャン］

madeleine［マドレーヌ］mahd-lehn

陰 馬德蓮

※扇貝形狀模型烘烤而成的小點心。洛林**Lorraine**孔梅西城的著名糕點。內側中央拳頭般鼓起的形狀，也是孔梅西城特有的風格。

→ **moule à madeleine**（P53），**Lorraine**（P132），**Commercy**（P130）

mendiant［マンディヤン］

marmelade［マルムラッド］mahr-muh-lahd

陰 果醬、柑橘類的果醬。水果中添加砂糖熬煮成果泥的製品

＊marmelade d'orange〔～ドラーンジュ〕柳橙果醬。

marquise［マルキーズ］mahr-keez

陰（侯爵夫人之意）主要用於巧克力風味的各式糕點或點心（冰砂等）名稱。

＊marquise chocolat〔～ショコラ〕巧克力凍糕（類似夏露蕾特的冰涼糕點、冰品）。

marron glacé［マロン グラセ］

mah-hronh glah-say

陽 糖漬栗子、剝除澀皮的栗子整顆糖漬（confit），完成時澆淋上糖衣（glacé）的糖果。糖漬水果的一種。

→ **fruit confit, confit, confire**（P14）
glacer 1.（P23）

massepain［マスパン］mahs-penh

陽 杏仁果、蛋白、砂糖製成的糖果。杏仁膏裝飾

mendiant［マンディヤン］manh-dyanh 📷

陽 杏仁果、乾燥無花果、榛果、葡萄乾（**raisin de Málaga**馬拉加葡萄乾）四種混合的四果巧克力

※四種托缽修道會的修士服顏色（多明尼加會的白色、方濟會的灰色、加爾默羅會的茶色、奧古斯丁會的深紫色）作爲代表。不僅限於上述的品項，各色堅果或乾燥水果鑲嵌在巧克力上，都以此稱之。

→ **raisin de Málaga**（P87・葡萄乾的種類）

meringue［ムラーング］muh-hrenhg

陰 蛋白霜

※蛋白中加入砂糖打發而成。或是將其烘乾製成的點心，蛋白餅。

meringue française

［ムラーング フランセーズ］muh-hrenhg fhranh-sehz

陰 法式蛋白霜

※蛋白中加入砂糖打發的蛋白霜。

＝ **meringue ordinaire**［ムラング オルディネール］

meringue italienne

［ムラーング イタリエンヌ］

muh-hrenhg ee-tah-lyehn

陰 義式蛋白霜

※蛋白中加入高溫熬煮的糖漿所打發的蛋白霜。

meringue suisse[ムラーング スュイス]

muh-hrenhg swees

陰瑞士蛋白霜

※蛋白中加入砂糖以隔水加熱，溫熱後打發的蛋白霜。氣泡細緻，烘烤乾燥後成品十分硬脆堅固。

= **meringue sur le feu**[ムラーング シュル ル フ]

merveille[メルヴェイユ]mehr-vehy

陰法式甜甜圈**bugne**的別名。撒上砂糖的油炸點心。意思是優秀之物

→ **bugne**

miette[ミエット]myeht

陰麵包或糕點的碎屑、海綿蛋糕碎屑

mignardise[ミニャルディーズ]

mee-nyahr-deez

陰搭配餐後飲品，一口大小的甜品。糖果、巧克力等

→ **friandise**

mille-feuille[ミルフイユ、ミルフーユ]

meel-fuhy

陽烘烤成長方片狀的折疊派皮麵團和卡士達奶油餡層疊的糕點。千層葉片的意思。

mimosa[ミモザ]mee-moh-zah

陽銀荊、含羞草（春天可見到小球狀花，有著黃色花萼）。這種花形的小顆糖果（以菜籽等小種籽作爲花芯，使砂糖結晶再染成黃色的球狀。裝飾用）

mirliton[ミルリトン]meehr-lee-tonh

陽折疊派皮麵團的塔餅。裝填了杏仁風味的奶油餡，再裝飾3顆擺放成花形的杏仁果烘烤而成，是盧昂**Rouen**的著名糕點。也有不以杏仁果裝飾，改以撒放糖粉的製品。

→ **Rouen** (P134)

mille-feuille
[ミルフイユ、ミルフーユ]

mirliton[ミルリトン]

moka[モカ]mo-kah

陽 1. 咖啡（豆）的一種（源自咖啡豆出口，葉門的港口名）

2. 萃取的濃咖啡

3. 海綿蛋糕與咖啡風味法式奶油霜組成的蛋糕

mont-blanc[モンブラン]monh-blanh

陽烘烤過的蛋白霜上盛放打發鮮奶油，並用栗子醬製成的奶油餡絞擠成細麵般覆蓋其上。名字取自阿爾卑斯的山峰

mousse[ムゥス]moos

陰慕斯

※融化巧克力或水果的果泥中加入打發鮮奶油或蛋白霜製成。用於點心或糕點。慕斯是泡沫的意思。

nappage[ナパージュ]nah-pahzh

[陽]鏡面果膠、澆淋

※爲呈現光澤並形成保護地刷塗果醬。有杏桃果醬製成金黃色**nappage blond**〔～ブロン〕，以及用糖漿與果膠等製作成無色透明的**nappage neutre**〔～ヌートル〕。

→ **napper** (P27), **neutre** (P40)

navette[ナヴェット]nah-veht

[陰]梭子餅

※**navette**是用於紡織時使用紡錘形的「梭子」，因完成的形狀與其相似，故以此爲名。以「馬賽梭子餅ナヴェット・ド・マルセイユ **navette de Marseille**（南法的港口城市）」而聞名，加入橙花水**eau de fleur d'oranger**增添香氣的乾硬點心，棒狀或紡錘形中央有縱向切紋。聖蠟節**Chandeleur**會食用的點心。此外，使用船型模**moule à barquette**製成的船型塔餅也會以此稱之。

→ **Chandeleur** (P161 [附錄] 慶典), **eau de fleur d'oranger** (P88), **moule à barquette** (P50)

navette[ナヴェット]

nids de Pâques[ニドパーク]nee duh pahk

[陽]復活節**Pâques**時製作的復活節鳥巢蛋糕。裝飾以杏仁膏或巧克力製作的雞、小雞和雞蛋。**nids**是鳥巢的意思

→ **Pâques** (P161 [附錄] 慶典)

nougat[ヌガ]noo-gah

[陽]牛軋糖

※熬煮的糖漿中加入堅果或乾燥水果製成的糖果。包括高溫熬煮成固體的茶色牛軋糖，和蛋白攪拌使其飽含空氣後，製成白色柔軟的牛軋糖。

＊nougat brun〔～ブラン〕茶色的牛軋糖、nougat noir〔～ノワール〕黑色的牛軋糖、nougat blanc〔～ブラン〕白色的牛軋糖、nougat au miel〔～オミエル〕添加20%以上蜂蜜的牛軋糖。

nougat de Montélimar

[ヌガ ド モンテリマール]

noo-gah duh monh-tay-lee-mahr

[陽]蒙特利馬的牛軋糖

※含28%杏仁果和2%以上開心果的白色牛軋糖名稱。本來就是南法蒙特利馬的著名糕點，但現在全法國各地都能製作。

→ **Montélimar** (P133)

nougat de Provence

[ヌガ ド プロヴァーンス]

noo-gah duh phroh-venhs

[陽]普羅旺斯**Provence**的牛軋糖

※在普羅旺斯所製，僅用蜂蜜和杏仁果製作的黑牛軋糖**nougat noir**。

→ **Provence** (P134)

nougatine[ヌガティーヌ]noo-gah-teen

陰 焦糖杏仁牛軋糖

※熬煮成淡淡焦糖色的糖漿中混拌入杏仁粒，凝固而成。趁熱將其攤平成板狀，可作爲裝飾糕點的底座。經常用於糖球**bonbon**或糖果的主體。

→ **bonbon**

Opéra [オペラ]

œuf de Pâques[ウフ ド パーク]

uhf duh pahk

陽 復活節**Pâques**的蛋

※在蛋表面描繪出圖案或塗上顏色的彩蛋。復活節時作爲饋贈禮物的巧克力蛋。

→ **Pâques** (P161 附錄 慶典)

œufs à la neige[ウ ア ラ ネージュ]

uhf ah lah nehzh

陽 雪浮島

※燙煮過的蛋白霜在英式蛋奶醬中浮盪著的點心。撒上杏仁粒或糖杏仁，再澆淋上焦糖醬。

＝ **île flottante**

omelette[オムレット]om-leht

陰 1.（雞蛋料理的）歐姆蛋（蛋包）

2.（糕點的）蛋糕卷

※烤成圓形的海綿蛋糕體對折，夾入奶油餡的成品。

＊omelette norvégienne〔～ノルヴェジエンヌ〕熱烤阿拉斯加（冰淇淋置於海綿蛋糕上，在冰淇淋上塗抹蛋白霜後，焰燒flamber表面的點心）。

⇒ 形 **norvégien** / **norvégienne**[ノルヴェジャン／ノルヴェジェンヌ]，固 **Norvége**[ノルヴェージュ]挪威

→ **flamber** (P21)

Opéra[オペラ]oh-pay-hrah

陽 杏仁海綿蛋糕**biscuit Joconde**、咖啡風味的法式奶油霜、層疊的甘那許、表面覆淋上巧克力的長方形蛋糕。據說發源於巴黎糕點店「達洛約**Dalloyau**」。

→ **biscuit Joconde, Dalloyau** (P136)

orangette[オランジェット]o-hranh-zheht

陰 糖漬橙皮（オレンジピール）用巧克力沾裹製成

pailleté feuilletine

[パイユテ フイユティーヌ]

pahy-tay fuh-yeh-teen

陽 用於裝飾，烘烤成薄片後敲碎的脆片。

※這也是**Royaltine**的商標。

→ **pailleté** (P46)

pain[パン]penh

陽 麵包、麵包般形狀的糕點

＊pain de mie〔～ドミ〕吐司麵包。

pain de Gênes[パン ド ジェーヌ]

penh duh zhehn

陽 熱內亞麵包

※大量杏仁果和奶油配比的烘烤成品。**Gênes**是義大利地方熱內亞的法語。

→ **Gênes** (P131)

pain d'épice[パン デピス]penh day-pees

陽 香料麵包（意思是添加香料**épice**的麵包）

※利用泡打粉使其膨脹的甜麵團中添加各式

香料製成。用長條模烘烤後分切食用，也有用小豬或其他心型等模型按壓製成的類型、仿聖尼古拉**Saint Nicolas**形狀的糕點，會因地方而異。第戎**Dijon**、蘭斯**Reims**、阿爾薩斯**Alsace**地方也都各有其著名的香料麵包。
→ **épice** (P89) , **Saint Nicolas** (P138) , **Dijon** (P131) , **Reims** (P134) , **Alsace** (P129)

pain perdu[パン ペルデュ]penh pehr-dew
陽 法式吐司
※爲了利用變硬的麵包而發想出的點心，將麵包浸泡至雞蛋、牛奶和砂糖的混合液後，再以奶油煎烤後食用。(形 **perdu** / **perdue** 失去的、變壞的)

palmier[パルミエ]pahl-myeh
陽 棕櫚(**palmier**)葉形(心形)的派餅
※用撒上砂糖的折疊派皮麵團**feuilletage sucré** 製成的點心。

papillote[パピヨット]pah-pee-yoht
陰 蝴蝶形狀的派餅
※用撒上砂糖的折疊派皮麵團**feuilletage sucré** 製成的點心。

parfait[パルフェ]pahr-fay
陽 不使用冰淇淋機，混合材料後放入模型中，僅冷凍製成的冰品。百匯
※濃郁、滑順。蛋黃基底的炸彈麵糊**pâte à bombe**中混拌入打發鮮奶油製成，也有加入添加砂糖的水果果泥和打發鮮奶油混合而成。
→ **pâte à bombe**

paris-brest[パリブレスト]
pah-hree-bhreh-st
陽 巴黎布雷斯特泡芙
※烘烤成大型環狀的泡芙餅，包夾了帕林內**praline**風味的奶油餡製成的糕點。在1981年巴黎和布列塔尼半島的港口城市布雷斯特**Brest**之間，舉辦了自行車競賽，據說就是以當時自行車的輪胎爲意象而製成。
→ **Brest** (P130)

pastille[パスティーユ]pahs-teey
陰 貝斯地糖
＊pastilles de Vichy〔～ドヴィシー〕奧弗涅大區 Auvergne維希 Vichy的名產。使用溫泉水製作出八角形的白色硬糖。
→ **Vichy** (P134)

pastis(單複同形)[パスティス]pahs-tees
陽 茴香酒。法國西南部的傳統糕點
※使用大量雞蛋和奶油的發酵麵團、或是奶油麵團製作而成。以開口大底部小的菊型模烘烤成焦香膨脹的成品(朗德茴香蛋糕**pastis landais**、布里麵包**pastis bourrit**等)，也有薄薄的麵團塗抹奶油後，像花瓣般層疊並填充內餡烘烤而成(烘烤後的成品與折疊派皮近似)。後者是熱爾**Gers**省的帕蒂斯蘋果派**pastis aux pommes** 或是洛特-加龍省**Lot-et-Garonne**省的帕蒂斯黑棗派等等，又稱爲酥餅**croustade**、酥皮派**tourtière**。
→ **croustade**

pâte[パート]paht
陰 麵團、麵糊。(起司)中央內側。(複數形用**pâtes**)
＊pâte à brioche〔パータ ブリヨシュ〕皮力歐許麵團。pâte de pistaches〔～ドピスタシュ〕開心果麵糊。fromage à pâte molle〔フロマージュア～モル〕中央內側柔軟的起司。

pâté[パテ]pah-tay
陽 包覆派皮烘烤。凍派**terrine**(使用肉類或魚漿的料理)
→ **terrine** (P54)

pâte à bombe[パータ ボーンブ]
pah-tah-bonhb
陰 炸彈麵糊、蛋黃麵糊
※蛋黃中添加糖漿，邊加熱邊打發製作。名稱是源自於使用**bombe glacee**中的奶蛋液而來。現在也常作爲法式奶油霜的基底使用。
→ **bombe glacée**

pâte à cake[パータ ケック]pah-tah-kehk
陰蛋糕（水果蛋糕、磅蛋糕）的麵團

pâte à choux[パータ シュゥ]pah-tah-shoo
陰泡芙麵糊
※水（或是牛奶）、鹽、奶油煮至沸騰加入麵粉，邊加熱邊攪拌使粉類完全受熱後，再加入雞蛋製作。可以絞擠成各種形狀烘烤。完成時會產生像氣球般中間膨脹的空洞，再將卡士達奶油餡等填入。
→ **chou à la crème**

pâte à foncer[パータ フォンセ]
pah-tah-fonh-say
陰餅底脆皮麵團。應用在甜度低的糕點底部麵團或酥脆塔皮麵團**pâte brisée**的統稱
※相較於甜酥麵團**pâte sucrée**或砂布列麵團**pâte sablée**的砂糖配比用量極少。本來指的就是混合奶油、砂糖、雞蛋和水之後再加入粉類混拌的麵團（與砂布列麵團的不同，但不嚴格來看也可以是指相同的麵團）。
→ **foncer** (P21) , **pâte brisée, pâte sucrée,pâte sablée**

pâte brisée[パート ブリゼ]
paht bhree-zay
陰酥脆塔皮麵團。舖底用的油酥麵團統稱。狹義而言是指沒有甜度的麵團。
※基本上將粉類和奶油等油指類先搓揉混拌成砂礫狀後，再加入鹽和水分混拌製作而成。油脂類先行混合，可以抑制筋度的形成，呈現出酥鬆的口感。（**brisée**是切開、破碎之動詞**briser**的過去分詞（過分・形）**brisé / brisée**[ブリゼ]）
→ **sabler** (P33) , **pâte à foncer**

pâte d'amandes[パート ダマーンド]
paht dah-manhd
陰杏仁膏
※杏仁果和砂糖混合搗磨成膏狀物。
＊pâte d'amandes crue〔～クリュ〕生杏仁膏（杏仁果和砂糖的比例是1：1。砂糖不經加熱與少量蛋白一起混入杏仁果中，碾磨製成。未經加熱，所以冠上含有「生」的意思的單字crue (P44) ）。pâte d'amandes fondante〔～フォンダーント〕杏仁果和砂糖比例是1：2以上的糖杏仁膏。杏仁果中加入熬煮糖漿結晶後碾磨而成。

pâte de fruit[パート ド フリュイ]
paht duh fhrwee
陰法式水果軟糖
※水果果泥或果汁中加入砂糖熬煮，以果膠凝固而成的糖果。
＊pâte de framboises〔パート ド フランボワーズ〕覆盆子水果軟糖（パート・ド…接續水果名稱時，就是僅用該水果製作的成品）。

pâte feuilletée[パート フイユテ]
paht fuhy-tay
陰折疊派皮麵團
＝ **feuilletage**

pâte levée[パート ルヴェ]paht luh-vay
陰發酵麵團
※利用酵母菌使其膨脹的麵團。
→ **lever** (P25)

pâte sablée[パート サブレ]paht sah-blay
陰砂布列麵團
※酥脆塔皮麵團的一種。其中奶油配比最多，烘烤完成時最酥鬆、入口即化。有時爲了能有更鬆脆的口感也會添加泡打粉。因砂糖和雞蛋的配比高，所以風味十足。不太用作塔餅的底部，主要用於切模後烘烤、或作爲小型糕點食用（サブレ **sablée**的意思是像砂一樣的形容詞、陰性形）。
→ **sabler** (P33) , **sablé, crémer** (P15) , **pâte sucrée, pâte brisée**

pâte sucrée[パート スュクレ]paht sew-khray
陰甜酥麵團、甜的酥脆塔皮麵團
※用於塔餅等的酥脆塔皮麵團之一。相對於麵粉，奶油和砂糖的配比高，因爲不添加水分，因此幾乎不會形成麵筋，烘烤出酥鬆的口感。麵團紮實、形狀不易崩壞，因此經常作爲舖放在底部空燒後，再裝填奶油餡或水果的塔餅麵團使用。雖然大部分是混合奶油、砂糖和雞蛋之後，再混拌麵粉製作，但有時也會以酥脆塔皮麵團**pâte brisée**相同的方法來製作。

→ **pâte à foncer, pâte brisée**

pâton［パトン］pah-tonh
陽 加入揉和的麵粉塊、麵團的單位（基本用量中製作時的一塊）
※是折疊派皮麵團經常會使用的單位。

pavé［パヴェ］pah-vay
陽 舖路石塊。像舖路石塊般四角扁平形狀的巧克力點心（巧克力蛋糕或甘那許凝固成一口大小的四方形，再撒上可可粉的巧克力點心）

pêches Melba［ペシュ メルバ］
peh-sh mehl-bah
陰 蜜桃梅爾芭、梅爾芭風格的桃子
※用糖漿熬煮桃子，搭配上冰淇淋，並澆淋上覆盆子果泥的點心。據說是艾斯考菲 **Escoffier** 爲歌姬奈莉・梅爾芭特製的。
→ **Escoffier, Auguste** (P136)

pet(-)de(-)nonne［ペドノンヌ］
peh-duh-nohn
陽 佩多儂油炸泡芙
※一口大小的炸泡芙。意思是修女的屁。
＝ **soupir de nonne**

petit beurre［プティ ブール］puh-tee buhr
陽 長方形，邊緣有各式各樣形狀的餅乾
※量產的餅乾中最具代表性。**LU**公司在1886年開始製作販賣。

petit-four（［複］petits-fours）
［プティフール］puh-tee-foohr
陽 奶油餅乾、一口可食的小型餅乾或糖果

petits-fours frais［プティフール フレ］
puh-tee-foohr fhreh
陽 新鮮迷你綜合小點心。通常都是製成一口可食的大小，像熱內亞蛋糕或海綿蛋糕等塗抹了奶油餡、澆淋糖衣，冰的綜合小點心 **petit-four glacé**、糖衣水果 **fruit déguisé**等
→ **fruit déguisé**

pet(-)de(-)nonne［ペドノンヌ］

petits-fours moelleux
［プティフール モワル］puh-tee-foohr mwa-luh
陽 柔軟的綜合小點心、馬德蓮或費南雪、馬卡龍等半生鮮糕點的縮小版

petits-fours salés［プティフール サレ］
puh-tee-foohr sah-lay
陽 鹹口味的綜合小點心。可作爲開胃菜或酒類的配菜食用、可用手拿取一口大小的料理
→ **saler** (P33)

petits-fours secs
［プティフール セック］puh-tee-foohr sehk
陽 烘烤的綜合小點心。脆餅或餅乾等烤乾的點心類

pièce-montée［ピエスモンテ］
pyehs-monh-tay
陽 大型的裝飾用糕點。爲了糕餅店的展示、或爲了宴會、婚宴儀式後餐會所製作的糕點。除了使用海綿蛋糕或泡芙組合而成，還有用巧克力或糖飴等手工裝飾、糖果、糖衣果仁 **dragée**等組合，依主題製作呈現。
→ **dragée**

pithiviers［ピティヴィエ］pee-tee-vyeh

陽 折疊派皮麵團中包覆杏仁奶油餡的糕點。
※特徵是表面放射狀的圖案。
→ **crème d'amandes, Pithiviers** (P134)

pithiviers［ピティヴィエ］

pithiviers fondant

［ピティヴィエ フォンダン］
pee-tee-vyeh fonh-danh

陽 糖霜杏仁派
※加入大量杏仁粉的奶油麵團烘烤成扁平圓形，裝飾上澆淋了糖衣的糖漬水果。皮蒂維耶 **Pithiviers**（盧瓦雷省的城鎮）著名糕點，仍以原本形狀的 **pithiviers** 稱之。
→ **Pithiviers** (P134)

pithiviers fondant
［ピティヴィエ フォンダン］

poisson d'avril［ポワソン ダヴリル］

pwa-sonh dah-hvreel

陽 四月之魚
※四月一日愚人節（在法國稱之為四月之魚）時製作的魚形糕點。巧克力手工糖果、草莓等水果和奶油餡填充的派餅。
→ **poisson d'avril** (P161 附錄 慶典)

polonaise［ポロネーズ］po-lonh-nehz

陰 皮力歐許（或是海綿蛋糕、熱內亞蛋糕）浸泡至添加蘭姆酒或利口酒香氣的糖漿中，夾入加有糖漬水果的卡士達奶油餡，最後以蛋白霜覆蓋全體，表面再添上烤色的糕點（冰冷後食用）
※**polonaise** 是波蘭 **Pologne**〔ポローニュ〕的形容詞、也是 **polonais**〔ポロネ〕的陰性形。

polonaise［ポロネーズ］

pompe à l'huile［ポンプ ア リュイル］

ponhp ah lweel

陰 南法普羅旺斯 **Provence** 在耶誕節食用的麵包
※加了橄欖油的麵包麵團中，放入了增加香氣的柳橙或檸檬皮、橙花水 **eau de fleur d'oranger**、番紅花、大茴香等，整形成扁平圓形，中央處劃入割紋後烘烤而成。
→ **Provence** (P134), **eau de fleur d'oranger** (P88), **treize desserts**

pompe à l'huille
［ポンプ ア リュイル］

pont-neuf[ポンヌフ]ponh-nuhf

陽 塡入混拌卡士達奶油餡，和泡芙麵團後烘烤而成的塔餅

※塔模底部舖放的是沒有甜味的酥脆塔皮麵團，再裝塡入奶油餡，並交叉排放二條切成細長帶狀的麵團後烘烤。有時內餡也會使用加入蘭姆酒或切碎栗子的卡士達奶油餡。雖然糕點名稱是新橋的意思，但在塞納河上的橋樑之中，是最古老的橋。

pot de crème[ポ ド クレム]

poh duh khrehm

陽 布丁盅、放入小盅的蛋奶醬

※用有深度的容器製作的一種蛋奶醬布丁。柔軟，用湯匙直接由容器中舀出食用。

potage[ポタージュ]poh-tahzh

陽 濃湯、湯

pralin[プララン]phrah-lenh

陽 糖杏仁（整顆的杏仁在糖漿中翻炒使其外層沾裹上糖結晶後製成。用於裝飾）。**Praline** → **praliné**

praline[プラリーヌ]phrah-leen 📷

陰 1.糖杏仁。整顆的杏仁果邊拌炒邊使其沾裹上糖衣製作出的砂糖點心。

2.（在比利時）指的是大顆的巧克力糖

※據說除了茶色之外，也有染成粉紅色的（照片）。

praliné[プラリネ]phrah-lee-nay

陽 帕林內（糖杏仁）

※澆淋上焦糖的杏仁果，或是將其碾磨成膏狀物。

profiterole[プロフィトロル]phroh-feet-rol

陰 小泡芙

※烤成小型的泡芙中塡入奶油餡的成品。堆疊後澆淋上巧克力醬等作爲點心食用。

progrès[プログレ]phroh-gray

陽 添加了杏仁果和榛果粉的蛋白霜。使用此蛋白霜的糕點

※進步的意思。

praline[プラリーヌ]

puits d'amour[ピュイ ダムール]

pudding[プディング]poo-deengh

陽 **pudding**、布丁

※由英語中借用。

puits d'amour[ピュイ ダムール]

pwee dah-moor 📷

陽 愛之井酥塔

※圓筒形的折疊派皮麵團爲底座，塡裝奶油餡，表面撒上砂糖後烤出焦色的糕點。也有裝塡果醬。愛之井的意思。

punch[ポーンシュ]ponh-ch

陽 1.潘趣酒、賓治酒

※用糖漿稀釋葡萄酒，並放入水果的飲料。

2.爲使海綿蛋糕等口感潤澤地刷塗糖漿

＝ **imbibage**

→ **puncher** (P30)

quatre-quarts[カトルカール]kathr-kahr

陽 磅蛋糕

※四分之四的意思，奶油、砂糖、雞蛋、麵粉，四種材料各使用等量製成的蛋糕。

quiche[キシュ]keesh

陰 鹹派

※混拌了鮮奶油、雞蛋的奶蛋液**appareil**和火腿、培根、起司、蔬菜等一起裝填成內餡的塔。原本是使用鹽漬五花肉，洛林**Lorraine**的料理，推廣至全法國。

→ **appareil, tarte, Lorraine** (P132)

religieuse[ルリジューズ]
hruh-lee-zhyuhz

陰 大小二種泡芙疊放，澆淋上巧克力風味翻糖（風凍）**fondant**的糕點

※**religieuse**是修女的意思。黑色的糖衣宛如修女的身影，所以得名。也會利用閃電泡芙加以組合成大型的糕點。

religieuse[ルリジューズ]

rissole[リソル]hree-sol

陰 圓形的折疊派皮麵團或酥脆塔皮麵團，對折包覆內餡後，油炸或烘烤製成的糕點或料理。

rocher[ロシェ]hroh-shay

陽 蛋白霜中加入椰子或杏仁果等，製作成圓錐形烘烤而成的小點心

※岩山、岩礁的意思。

roulé[ルレ]hroo-lay

陽 蛋糕卷 (形 **roulé** / **roulée** [ルレ] 捲起的)

＊ roulé aux fraises〔～オ フレーズ〕草莓蛋糕卷。

→ **rouler** (P32)

sabayon[サバイヨン]sah-bah-yonh

陽 沙巴雍

※蛋黃中加入砂糖，逐次少量地加入白葡萄酒並攪拌至膨鬆打發。除了可以直接食用之外，也可作爲點心的醬汁使用。義大利點心，**zabaione**的法文名稱。

sablé[サブレ]sah-blay

陽 砂布列酥餅

※高奶油配比的餅乾。

→ **sabler** (P33)

sacristain[サクリスタン]sah-khrees-tenh

陽 麻花千層棒、麻花千層派

※撒上砂糖的折疊派皮麵團 **feuilletage sucré** 扭轉後烘烤的點心。

saint-honoré[サントノレ]

senh-toh-noh-hray

陽聖多諾黑泡芙

※將泡芙麵團在圓形酥脆塔皮麵團上絞擠成環狀後烘烤，在周圍貼放另外烘烤並沾裹了焦糖的小泡芙，中央以聖多諾黑用花嘴擠出奶油餡**crème à saint-honoré**（＝吉布斯特奶油餡**crème Chiboust**）所製成的大型泡芙糕點。名稱則因聖多諾黑**Saint-Honoré**大道而來。原本是以皮力歐許麵團製作，1846年誕生於巴黎聖多諾黑大道的糕餅店「吉布斯特**Chiboust**」。

→ **crème Chiboust, Chiboust** (P136)

Saint-Marc[サンマルク]senh-mahr

陽聖馬克蛋糕

※杏仁海綿蛋糕**biscuit Joconde**夾入巧克力風味和香草風味的雙層奶油餡，表面撒上砂糖使其焦化製成的蛋糕。名字源自聖馬克。

→ **biscuit Joconde**

salade[サラッド]sah-lahd

陰沙拉

＊salade de fruits〔～ドフリュイ〕

水果沙拉。

salammbô[サランボ]sah-lanh-boh

陽鹹派或填裝蘭姆酒風味奶油餡的蛋形泡芙點心。

※由福樓拜 **Flaubert**同名小說而得名。

sauce[ソース]sos

陰醬汁

savarin[サヴァラン]sah-vah-hrenh

陽不添加葡萄乾的芭芭**baba**麵團，烘烤成圈狀後澆淋蘭姆酒風味糖漿，中央以奶油餡和水果裝飾製成的糕點

→ **baba, Brillat-Savarin** (P137)，**moule à savarin** (P53)

sirop[スィロ]see-hroh

陽糖漿、糖液

※**au sirop**是指糖漿浸漬的水果。食材以瓶、罐裝入糖漬保存

＊poire au sirop〔ポワール オ～〕糖漿漬洋梨、糖煮。

→ **conserve** (P140)

sorbet[ソルベ]sohr-bay

陽雪酪

※果汁或果泥、酒當中添加糖漿，攪拌使其飽含空氣後冷凍的冰品。基本上不使用蛋黃、乳製品。

saint-honoré[サントノレ]

Saint-Marc[サンマルク]

soufflé[スフレ]soo-flay
陽 加入打發蛋白使其膨脹得比模型還高的溫熱點心
※基底是卡士達奶油或水果果泥，或用奶油拌炒的麵粉以牛奶稀釋再拌入蛋黃。完成的基底中加入打發蛋白霜，烘烤製成。
→ **souffler** (P33)，**moule à soufflé** (P53)

soufflé glacé[スフレ グラセ]
soo-flay glah-say
陽 冰的舒芙蕾、冷製舒芙蕾
※仿照溫熱點心的舒芙蕾形狀，將混合炸彈麵糊和義大利蛋白霜的奶蛋液裝入小烤盅內，約是膨脹後會增加一倍高度地裝入模型後，放至冷凍室內冰涼凝固製成的糕點。
→ **pâte à bombe**

soupe[スップ]soop
陰 湯

soupir de nonne[スピール ド ノンヌ]
soo-peehr duh nohn
陽 一口大小的炸泡芙。
※意思是修女的屁。
＝ **pet (-) de (-) nonne**

spéculoos[スュペキュロス]spay-kew-lohs
陽 在法蘭德斯**Flandre**地方製作，辛香料和紅糖**cassonade**風味的餅乾（也拼作**spéculos**）
※仿聖尼古拉**Saint Nicolas**形狀製作、聖尼古拉日（12月6日）食用。
→ **cassonade** (P76)，**Flandre** (P131)，**Saint Nicolas** (P138)

succès[スュクセ]sewk-say
陽 勝利杏仁夾心蛋糕。加入杏仁粉的蛋白霜烘烤成圓盤形狀，用兩片包夾帕林內風味奶油餡的糕點。
※成功的意思。

sucette[スュセット]sew-seht
陰 帶棒子的糖果、棒棒糖

sucre coulé[スュクル クレ]sew-khr koo-lay
陽 鑄糖（糖工藝的技法之一）
→ **couler** (P15)

sucre d'art[スュクル ダール]sew-khr dahr
陽 糖工藝、砂糖工藝
⇒ **art**［アール］陽 技術、藝術

sucre de pomme[スュクル ド ポム]
sew-khr duh pom
陽 蘋果糖
※盧昂**Rouen**著名甜點添加了蘋果香精的棒棒糖。
→ **Rouen** (P134)

sucre d'orge[スュクル ドルジュ]
sew-khr dohr-zh
陽 拐杖糖。大麥**orge**煎焙出的液體染色後製成的糖果，埃維昂萊班**Evian-les-Bains**〔エヴィヤンレバン〕或維希**Vichy**等溫泉地的著名糖果
※現在不使用大麥、用增添風味及顏色的蘋果、櫻桃、蜂蜜等製作。形狀也有棒狀、模型按壓的片狀等各式各樣。
→ **Vichy** (P134)

sucre filé[スュクル フィレ]sucre filé
陽 絲線狀糖果、糖果的細絲（糖工藝的技法之一）
⇒ **filer**［フィレ］他 絲狀

sucre rocher[スュクル ロシェ]
sew-khr hroh-shay
陽 岩石狀糖果、岩石糖（糖工藝的技法之一）

sucre soufflé[スュクル スフレ]
sew-khr soo-flay
陽 吹糖、吹膨脹的糖果（糖工藝的技法之一）
→ **souffler** (P33)

sucre tiré[スュクル ティレ]
sew-khr tee-hray
陽 拉糖（糖工藝的技法之一）
→ **tirer** (P34)

tant pour tant［タン プール タン］
tanh poor tanh
陽 杏仁糖粉、杏仁果和砂糖等量混合後碾磨成粉的成品〔略〕**T.P.T.**

tarte［タルト］tahrt
陰 塔餅
※酥脆塔皮麵團或折疊派皮麵團舖放至模型內，裝填奶油餡或水果烘烤而成的糕點。有時也會先烘烤塔餅，再填裝入內餡。

tarte au sucre［タルト オ スュクル］
tahr-to sew-khr
陰 糖塔
※法蘭德斯**Flandre**地方特有的紅糖**vergeoise**（茶色的砂糖）與鮮奶油等混拌，塗抹在發酵麵團表面烘烤而成的扁平狀糕點。
→ **Flandre** (P131), **vergeoise** (P77)

tartelette［タルトゥレット］tahr-tuh-leht
陰 小塔餅、小型的塔餅

tarte Linzer［タルト リンツァー］
tahrt lenh-zay
陰 林茲風的塔餅、林茲塔（德文 **Linzer Torte**）
※維也納的林茲塔在法國成名。由添加了堅果粉、肉桂的酥脆塔皮麵團、杏仁奶油餡、覆盆子果醬所製成。特徵是表面覆蓋了交叉成格子狀的長條麵團後烘烤（**Linzer** 形 奧地利城市林茲的）。

tarte Tatin［タルト タタン］tahrt tah-tenh
陰 翻轉蘋果塔
※熬煮成焦糖狀的蘋果填放至模型中，上方覆蓋派皮麵團後烘烤，完成後再上下翻轉的蘋果塔。

tarte Tatin［タルト タタン］

tarte tropézienne
［タルト トロペズィエンヌ］tahrt troh-peh-zyen
陰 聖特羅佩塔
※在二十世紀中期誕生於普羅旺斯，海邊渡假勝地聖特羅佩**Saint-Tropez**的發酵麵團點心。烘烤成扁平圓形的皮力歐許切半後，夾入添加蘭姆酒且混合法式奶油霜和卡士達奶油餡的慕斯林奶油餡**crème mousseline**，再撒上糖粉。
→ **brioche, crème mousseline**

timbale［タンバル］tenh-bahl
陽 圓筒形的派皮底座填放入內餡食材的料理或糕點
＊timbale Élysée〔～エリゼ〕是巴黎餐廳「拉賽兒Lasserre」的甜點。用薄餅製作盛裝容器，填放冰淇淋和糖煮水果，再澆淋上覆盆子醬汁。表面絞擠上香緹鮮奶油crème chantilly，覆蓋上糖絲sucre filé作成半圓頂的糕點。
→ **crème chantilly, sucre filé**

tourte［トゥルト］toohrt
陰 派皮麵團中填放內餡，上方覆蓋麵團再烘烤的圓形料理或糕點

tourteau fromagé, tourteau poitevin［トゥルト フロマジェ、トゥルト ポワトゥヴァン］

toohr-toh froh-mah-zhay , toohr-toh pwat-venh 📷

陰 黑乳酪蛋糕

※使用山羊乳酪製作，普瓦圖**Poitou**地方的糕點。特徵是表面烤得焦黑。

tourteau fromagé, tourteau poitevin［トゥルト フロマジェ、トゥルト ポワトゥヴァン］

tourtière［トゥルティエール］toohr-tyehr

陰 → **pastis**

treize desserts(de Noël)

［トレーズ デセール(ド ノエル)］

threhz day sehr(duh noh-ehl)

陽［複］耶誕節的十三種點心、十三甜點

※普羅旺斯**Provence**地方的傳統，在享用完耶誕夜大餐之後品嚐的十三種甜點。牛軋糖**nougat**、卡莉頌杏仁糖**calisson**、榲桲**coing**的法式水果軟糖、糖漬水果**fruit confit**、金字塔形狀的糖果**berlingot**等、蓬普油烤餅**pompe à l'huile**或烤餅**fouace**（橄欖油麵包**fougasse**）等麵包、葡萄乾、椰棗、無花果等的乾燥水果、牛奶、杏仁果等堅果、冬梨、蘋果等新鮮水果，共十三種的組合。

→ **Noël** (P160) , **Provence** (P134) , **nougat, calisson, coing** (P80) , **pâte de fruit, fruit confit, berlingot, pompe à l'huile, fouace**

visitandine［ヴィズィタンディーヌ］

truffe［トリュフ］threwf

陰 1.松露（有黑色和白色、圓形）

2.仿松露形狀和顏色製成一口大小的巧克力點心

※圓形的甘那許用覆蓋巧克力包覆後，再沾裹可可粉或糖粉的成品。

tuile［テュイル］tweel

陰 瓦片。烘烤成薄片的餅乾，放在鹿背模上使其彎曲製作成瓦片形狀。

※テュイル是瓦片的意思。

→ **plaque à tuiles** (P53)

＊tuiles dentelles〔テュイル ダンテル〕有著蕾斯狀孔洞的薄瓦片餅乾（dentelle 陰 レース）。

vacherin［ヴァシュラン］vah-shrenh

陽 烘烤成圈狀的蛋白霜，中央盛放冰淇淋、香緹鮮奶油的糕點。也有蛋白霜烤成圓盤形狀後夾入冰淇淋的作法。

viennoiserie［ヴィエノワズリ］

vyeh-nwa-zhree

陰 在麵包店販售（製作）餐食麵包以外的產品。除了用發酵折疊麵團或加入大量奶油、雞蛋、牛奶、砂糖等製作的可頌、皮力歐許、巧克力麵包等口感豐富的麵包之外，還包括巧酥**chausson**等點心類。

→ **chausson**

visitandine［ヴィズィタンディーヌ］

vee-zee-tah-deen 📷

陰 修女小蛋糕。類似費南雪，具杏仁風味麵糊烘烤成小船形或圓形的蛋糕

地名

A

Agen［アジャン］ah-zhenh

固 亞奎丹地域圈洛特-加龍省**Lot-et-Garonne**省的省會。周圍是李子著名產地，以乾燥李子以及使用乾燥李子的糕點聞名。

→ **prune d'Ente** (P87・李子的品種)，**pruneau** (P86)

Aix-en-Provence

［エクサンプロヴァーンス］ehk-sanh-phroh-vanhs

固 普羅旺斯地區艾克斯。普羅旺斯地區的小鎮。以卡莉頌杏仁糖著名

→ **calisson** (P101)

Allemagne［アルマーニュ］ahl-mah-ny

固陰 德國（固形・名 **allemand** / **allemande**［アルマン／アルマーンド］）

Alsace［アルザス］ahl-zahs

固陰 阿爾薩斯。與現在法國大區阿爾薩斯一致。主要城市是史特拉斯堡**Strasbourg**。鄰近德國邊境，因此糕點也受到德國的影響。用發酵麵團製作的庫克洛夫、使用奶酥碎粒（**Streusel**）的塔餅最具代表性（固形・名 **alsacien** / **alsacienne**［アルザスィヤン／アルザスィエンヌ］）

＊tarte à l'alsacienne〔タルト ア ラルザスィエンヌ〕阿爾薩斯風味的塔餅。

→ **kouglof** (P113)

Amérique［アメリック］ah-may-hreek

固陰 美國、美國大陸（固形・名 **américain** / **américaine**［アメリカン／アメリケーヌ］）

※美利堅合眾國是**Les États-Unis**〔レ ゼタジュニ〕。

＊Amérique du Nord〔～デュ ノール〕北美、Amérique du Sud〔～デュスュッド〕南美。

Amiens［アミヤン］ah-myenh

固 亞眠。皮卡第**Picardie**的中心。索姆**Somme**省的省會所在

→ **macaron d'Amiens** (P114)

Angers［アンジェ］anh-zhay

固 安茹**Anjou**的中心。曼恩-羅亞爾**Maine-et-Loire**省的省會

Angleterre［アングルテール］anh-gl-tehr

固陰 英國、英格蘭（固形・名 **anglais** / **anglaise**［アングレ／アングレーズ］）

→ **crème anglaise** (P105)

＊cuire à l'anglaise〔キュイール ア ラングレーズ〕鹽煮。

Anjou［アンジュ］anh-zhoo

固陽 安茹。法國西北部、羅亞爾河下游的昂傑**Angers**是中心

→ **crémet d'Anjou** (P106)

Artois［アルトワ］ahr-twa

固陽 亞多亞。相當於現在的北部，加來海峽（**Nord-Pas-de-Calais**）的西部

Auvergne［オーヴェルニュ］oh-vehr-ny

固陰 奧弗涅大區。現在的奧弗涅大區的南部（北部是波旁）。法國大約中央位置稱為中央山地 **le Massifcentral**〔ル マスィフ サントラル〕的山岳地帶。畜牧盛行

Béarn［ベアルヌ］bay-ahr

固陽 貝亞恩。相當於亞奎丹地域圈南部、庇里牛斯-大西洋**Pyrénées-Atlantiques**省

Berry[ベリー]beh-hree

固陽 貝里。法國中央地區、相當於現在的安德爾 **Indre** 省、謝爾 **Cher** 省

Bordeaux[ボルド]bohr-doh

固 波爾多市。是亞奎丹大區的中心城市、吉倫特 **Gironde** 省的省會。(**bordeaux** 形 酒紅色的、深紫紅色的 陽 波爾多葡萄酒)

→ **cannelé de Bordeaux** (P102)

Bordelais[ボルドレ]bohr-duh-leh

固陽 波爾多。波爾多市及其周圍跨加隆河的地區，是優質紅葡萄酒的產地(固形・名 **bordelais** / **bordelaise**[ボルドレ／ボルドレーズ]波爾多市的、波爾多的)

Bourbonnais[ブルボネ]boohr-boh-neh

固陽 波旁。法國中部、相當於阿列 **Allier** 省。現在的奧弗涅大區的北部。

Bourgogne[ブルゴーニュ]boohr-goh-ny

固陰 勃艮第。相當於現在從勃艮第大區開始，除涅夫勒 **Nièvre** 省之外的範圍。中心城市是第戎 **Dijon**。優質的葡萄酒產地(固形・名 **bourguignon** / **bourguignonne**[ブルギニョン／ブルギニョンヌ])

Brest[ブレスト]bhrehst

固 布列塔尼半島最外側的港口城市。菲尼斯泰爾 **Finistère** 省

→ **paris-brest** (P119)

Bretagne[ブルターニュ]bhruh-tahny

固陰 布列塔尼。法國西北部的半島，與現有的大區相同。畜牧盛行。蘋果酒(蘋果氣泡酒 **cidre**)的產地。可麗餅 **crêpe** 或烘餅 **galette** 很有名(固形・名 **breton** / **bretonne**[ブルトン／ブルトンヌ])

→ **far breton** (P108), **gâteau breton** (P111), **galette bretonne** (P110), **kouign-amann** (P113)

Catalogne[カタロニュ]kah-tah-lohny

固陰 加泰隆尼亞、**Catalonia**。巴塞隆納爲中心的西班牙東北部(固形・名 **catalan** / **catalane**[カタラン／カタラーヌ])

→ **crème catalane** (P105)

Cavaillon[カヴァイヨン]kah-vah-yonh

固 卡瓦永。法國南部、亞維農教宗領地 **Comtat Venaissin**(沃克呂茲 **Vaucluse** 省)的市鎮。周圍盛行早生蔬菜和水果的栽植、特別是甜瓜最有名。栽植記錄從十五世紀以前就開始了

→ **Charentais** (P83・甜瓜的品種)

Champagne[シャンパーニュ]shanh-pahny

固陰 香檳區。相當於香檳-阿登大區。發泡性葡萄酒的產地 → **champagne** (P90)

Chantilly[シャンティイ]shanh-tee-yee

固 香緹堡。皮卡第地區的城市。巴黎的北部。香緹堡最爲著名。

Charentes[シャラント]shah-hranht

固陰 夏朗德。在普瓦圖-夏朗德大區的南部、是優質奶油和干邑白蘭地的產地

Chine[シーヌ]sheen

固陰 中國(固形・名 **chinois** / **chinoise**[シノワ／シノワーズ])

※陽性名詞的 **chinois** 指的是圓錐形的過濾器。

→ **chinois** (P66)

Commercy[コメルスィ]ko-mehr-see

固 孔梅西城。洛林 **Lorraine** 的城市。有一說是馬德蓮蛋糕，就是此地出身，名爲馬德蓮的女性所製作

→ **madeleine** (P115)

Comtat Venaissin[コンタ ヴネサン]konh-tah veh-nay-senh

固陽 亞維農教宗領地。相當於法國南部的沃

克呂茲Vaucluse省，盛行蔬果的栽植。卡瓦永Cavaillon的甜瓜很有名

Comté de Foix［コンテ ド フォワ］
konh-tay duh fwa
固陽 富瓦伯爵領地。法國西南部面對庇里牛斯山脈，內陸地方的舊稱

Comté de Nice［コンテ ド ニース］
konh-tay duh nees
固陽 尼斯伯爵領地。以法國南部地中海沿岸，尼斯中心地區的舊稱

Corse［コルス］kohrs
固陰 科西嘉島。地中海的法屬小島

Dauphiné［ドフィネ］doh-fee-nay
固陽 多菲內。現在的隆河-阿爾卑斯大區的南部，其中有以牛奶著稱的格勒伯勒、以牛軋糖聞名的蒙特利馬等城鎮。（固形・名 **dauphinois** / **dauphinoise**［ドフィノワ／ドフィノワーズ］）

Dax［ダクス］dahks
固 法國南西部朗德 **Landes**省溫泉療養地的城鎮。達克瓦茲的發源地（固形・名 **dacquois** / **dacquoise** ［ダクワ／ダクワーズ］）
→ **dacquoise** (P107)

Dijon［ディジョン］dee-zhonh
固 第戎。位於勃艮第**Bourgogne**的中央，科多爾**Côte-d'Or**省的省會。芥末、黃芥末**moutarde**、黑醋栗利口酒**crème de cassis**、香料麵包**paind'épice**十分著名
→ **moutarde** (P89)，**crème de cassis** (P90)，**pain d'épice** (P118)

Douarnenez［ドゥアルヌネ］dwahr-nuh-nay
固 布列塔尼半島，菲尼斯泰爾**Finistère**省的市鎮。法式焦糖奶油酥**kouign amann**的發源地
→ **kouign-amann** (P113)

Échiré［エシレ］ay-shee-hray
固 法國中西部、普瓦圖的村莊。自古以來盛行酪農業，特別是艾許的酪農工會採用的是傳統製法，製作出的奶油聞名遐邇
＊beurre d'Échiré〔ブール デシレ〕艾許奶油。艾許村產奶油。

Europe［ウロップ］uh-hrohp
固陰 **Europe**、歐洲（固形・名 **européen** / **européenne**［ウロペアン／ウロペエンヌ］）
＊Union européenne〔ユニオン ウロペエンヌ〕歐盟。英語標示為EU (European Union)。

Flandre［フラーンドル］flanh-dhr
固陰 法蘭德斯。包含法國北部（ノール **Nord**省）、荷蘭南部、比利時西部。法國最北端，附近產啤酒、鬆餅**gaufre**等、料理和糕點與比利時很近似
→ **gaufre** (P112)

France［フラーンス］franhs
固陰 法國 （固形・名 **français** / **française**［フランセ／フランセーズ］）

Franche-Comté［フランシュ コンテ］
franh-sh konh-tay
固陰 法蘭琪-康堤大區。大致與現在的地區一致。夾著侏羅**Jura**山脈與瑞士相鄰，山巒起伏風光明媚。

Gascogne［ガスコーニュ］gahs-koh-ny
固陰 加斯科涅。相當於法國西南部的熱爾**Gers**省、朗德 **Landes**省（固形・名 **gascon** / **gasconne**［ガスコン／ガスコンヌ］）

Gênes［ジェーヌ］zhehn
固 義大利西部的港口城鎮熱內亞。（固形・名 **génois** / **génoise**［ジェノワ／ジェノワーズ］
→ **génoise** (P112)，**pain de Gênes** (P118)

Grenoble［グルノーブル］ghruh-noh-bl

固 格勒伯勒。多菲內 **Dauphiné** 的城市。伊澤爾 **Isère** 省的省會。以牛奶產地而爲人所熟知。（固形・名 **grenoblois / grenobloise**［グルノブロワ／グルノブロワーズ］）

※糕點中的格勒伯勒風 **à la grenobloise**〔アラ グルノブロワーズ〕指的就是使用了牛奶的製品。

Guérande［ゲラーンド］gay-ronhd

固 葛宏德

※布列塔尼半島的南邊、面海，是著名的優質海鹽產地。

Guyenne［ギュイエンヌ］kee-yehn

固陰 吉耶那。包含了達克斯 **Dax**、波爾多 **Bordeaux** 的法國西南部大西洋沿岸地區。

→ **Bordeaux, Dax**

Isigny［イズィニ］ee-zee-nee

固 伊思尼。諾曼第的村莊。使用當地原料乳品以傳統製法生產出的鮮奶油和奶油，受到法令保護，冠以該村莊之名販售。

＊beurre d'Isigny〔ブール ディズィニ〕伊思尼的奶油、crème d'Isigny〔クレム ディズィニ〕伊思尼的鮮奶油。

→ **A.O.C.** (P139)

Italie［イタリー］ee-tah-lee

固陰 義大利（固形・名 **italien / italienne**［イタリヤン／イタリエンヌ］）

→ **meringue italienne** (P115)

Landes［ラーンド］lanhd

固陰 朗德。相當於亞奎丹大區南部的沿岸地區、朗德省（固形・名 **landais / landaise**［ランデ／ランデーズ］）

＊pastis landais〔パスティス ランデ〕朗德茴香蛋糕（pastis→P119）。

Languedoc［ラングドック］lanhg-dohk

固陽 朗多克。法國西南部地中海沿岸地區

Liège［リエージュ］lyehzh

固 比利時的城市（固形・名 **liégeois / liégeoise**［リエジョワ／リエジョワーズ］）

＊gaufre (à la) liégeoise〔ゴーフル（アラ）リエジョワーズ〕列日風格的鬆餅。

＊café liégeois〔カフェ リェジョワ〕盛裝在玻璃杯的冰淇淋上擺放打發鮮奶油，再澆淋上醬汁的咖啡風味點心。Coupe Glacée 的一種。

→ **coupe 2.** (P56)

Limoges［リモージュ］lee-mohzh

固 里蒙。位於利穆贊 **Limousin** 的中央位置。上維埃納 **Haute-Vienne** 省的省會。以高級磁器的製作聞名的

Limousin［リムーザン］lee-moo-zenh

固陽 利穆贊。與現在的地區一致。法國中部中央山地 **le Massif central**〔ルマスィフ サントラル〕的西側地區，以肉質優良的牛隻著稱。以磁器產地而聞名的里蒙 **Limoges** 爲主要城市

＊clafoutis du Limousin〔クラフティ デュ～〕利穆贊的克拉芙緹。

→ **clafoutis** (P103)

Lorraine［ロレーヌ］loh-hrehn

固陰 洛林。與現在的地區一致。主要城市梅斯 **Metz**。據說是馬德蓮 **madeleine** 和芭芭 **baba** 的發源地（固形・名 **lorrain / lorraine**［ロラン／ロレーヌ］）

＊gâteau lorraine aux mirabelles〔ガトーオミラベル〕添加了黃香李（李子）洛林風格的蛋糕。

Lyon［リヨン］lyonh

固 里昂。位於隆河－阿爾卑斯大區的中央位置，隆河 **Rhône** 省的省會。僅次於巴黎的大城市，位於由巴黎往南法的必經之路。以絹織品聞名，也被稱爲美食之都，『米其林指南』的星級餐廳很多

→ **coussin de Lyon** (P104)

Lyonnais［リヨネ］ly-oh-neh

固 里昂。隆河－阿爾卑斯大區的一部分、相當於隆河 **Rhône** 省和羅亞爾 **Loire** 省。以里昂 **Lyon** 爲主的地區

Maine［メーヌ］mehn

固陽 曼恩。相當於羅亞爾河大區的北部二省

Montélimar［モンテリマール］

monh-tay-lee-mahr

固 蒙特利馬。德龍 **Drôme** 省的城市。以牛軋糖聞名

→ **nougat de Montélimar** (P117)

Nancy［ナンスィ］nanh-see

固 南錫。洛林的古都。以美食家聞名，斯坦尼斯瓦夫一世 **Leszczynski** 公爵的宮廷所在，榮耀於十八世紀

＊gâteau au chocolat de Nancy〔ガトオショコラド～〕加入堅果粉具濃郁風味的巧克力蛋糕。

→ **Leszczynski** (P137)

Naples［ナプル］nah-pl

固 拿坡里。義大利南部的城市（固形・名 **napolitain** / **napolitaine**［ナポリタン／ナポリテーヌ］）

＊tranche napolitaine (→ tranche P43)。

Nevers［ヌヴェール］nuh-vehr

固 勃艮第大區、涅夫勒 **Nièvre** 省的省會。舊地方尼維內 **Nivernais** 的中心

Nivernais［ニヴェルネ］nee-vehr-neh

固陽 尼維內。相當於法國中部、現在的涅夫勒 **Nièvre** 省、該省省會所在地是尼維爾 **Nevers**（固形・名 **nivernais** / **nivernaise**［ニヴェルネ／ニヴェルネーズ］）

Normandie［ノルマンディ］nohr-manh-dee

固陰 諾曼第。現在的大區當中，分成下諾曼第和上諾曼第。盛行畜牧乳製品豐富，並且出產蘋果，也生產蘋果氣泡酒 **cidre** 和蘋果白蘭地 **calvados**（固形・名 **normand** / **normande**［ノルマン／ノルマーンド］）

→ **cidre, calvados** (以上P90)

O

Orléanais［オルレアネ］ohr-lay-ah-neh

固陰 奧爾良。中央大區的北部。中心城市是奧爾良。羅亞爾河的中游流域，具有肥沃的土地。歷史上盛植果樹、蔬菜和穀類的地方

Orléans［オルレアン］ohr-lay-onh

固 中央大區、盧瓦雷 **Loiret** 省的省會。與聖女貞德很有淵源的城鎮。榲桲果凍 **cotignac** 是著名點心（固形・名 **orléanais** / **orléanaise**［オルレアネ／オルレアネーズ］）

→ **cotignac** (P104)

Paris［パリ］pah-hree

固陽 法國首都（固形・名 **parisien** / **parisienne**［パリズィヤン／パリズィエンヌ］）

pays［ペイ］pay-ee

陽 國家。地方、地區

Pays basque［ペイ バスク］pay-ee bahsk

固陽 巴斯克。庇里牛斯山脈內側橫跨法國和西班牙的地區。有其獨特的文化、風俗色彩濃厚的地區。此地區的糕點有像貝雷帽般形狀的巧克力蛋糕、巴斯克貝雷帽 **béret basque** 和巴斯克蛋糕 **gateau basque**（固形・名 **basque, basquais** / **basquaise**［バスケ／バスケーズ］）

→ **gâteau basque** (P111)

Picardie[ピカルディ]pee-kahr-dee
固陰 皮卡第，也是現在的大區。亞眠**Amiens**是中心城市

Pithiviers[ピティヴィエ]pee-tee-vyeh
固 皮蒂維耶。中央大區、是盧瓦雷**Loiret**省的城鎮。在奧爾良**Orléans**北方50公里處。同名糕點十分聞名
→ **pithiviers, pithiviers fondant** (以上P122)

Poitou[ポワトゥ]pwa-too
固陽 普瓦圖。法國西部、占了普瓦圖-夏朗德大區的北半邊

Provence[プロヴァーンス]phroh-vanhs
固陰 普羅旺斯。法國東南部地中海沿岸地區

Quimper[カンペール]kenh-pehr
固 布列塔尼半島，菲尼斯泰爾**Finistère**省的省會
→ **crêpe dentelle** (P106)

Reims[ラーンス]hrenhs
固 蘭斯。位於香檳(香檳酒)生產地區的中央。馬恩**Marne**省的城鎮
※現在的香檳-阿登大區的中心城市(馬恩省的省會)，是馬恩河畔沙隆**Châlons-sur-Marne**
→ **biscuit de Reims** (P99) , **Champagne**

Rouen[ルアン]hroo-anh
固 盧昂。上諾曼地大區的中心城市、濱海塞納**Seine-Maritime**省的省會。以蘋果糖**sucre depomme**、米爾立頓塔**mirliton**等聞名。
→ **mirliton** (P116) , **sucre de pomme** (P126)

Roussillon[ルスィヨン]hroo-see-lonh
固 魯西永。在庇里牛斯山脈東邊，面地中海。相當於東庇里牛斯**Pyrénées-Orientales**省

Russie[リュスィ]hrew-see
固陰 俄羅斯 (固形 ・名 russe[リュス]陽性名詞**russe**指的是單柄鍋=**casserole**的意思)

Savoie[サヴォワ]sah-vwa
固陰 薩瓦。鄰接瑞士、義大利之國境。相當於隆河-阿爾卑斯大區的薩瓦省、上薩瓦**Haute-Savoie**省
→ **biscuit de Savoie** (P99)

Suisse[スュイス]swees
固陰 瑞士 (固形 ・名 **suisse**[スュイス])
→ **meringue suisse** (P116)

Touraine[トゥレーヌ]too-hrehn
固陰 都蘭、都蘭地方。杜爾**Tours**爲其中央地區。中央大區的西部

Tours[トゥール]toohr
固 都蘭地方的中央地區。安德爾-羅亞爾**Indre-et-Loire**省的省會所在。羅亞爾河沿岸的古都

Vichy[ヴィシー]vee-shee
固 維希。奧弗涅大區、阿列**Allier**省溫泉盛地的著名市鎮(固形 ・ 名 **vichyssois / vichyssoise**[ヴィシソワ/ヴィシソワーズ])
＊crème vichyssoise〔クレム ヴィシソワーズ〕馬鈴薯和韭蔥製成的奶油冷湯。
→ **pastille** (P119)

Vienne［ヴィエンヌ］vyehn

固陰 1.奧地利的首都維也納

(固形・名 viennois / viennoise［ヴィエノワ／ヴィエノワーズ］)

＊pain viennois〔パン ヴィエノワ〕維也納風格的麵包（精製的白麵粉製作出的優質麵包）。

2.法國的省名（普瓦圖 **Poitou**）

3.法國的市鎮（多菲內 **Dauphiné**、伊澤爾 **Isère**省）

人名・店名・協會名等等

人名・店名

Angélina[アンジェリーナ]anh-zhay-lee-nah
Angélina(糕點店)。1903年創業巴黎茶沙龍(**salon de thé**)。以蒙布朗著稱
→ **salon de thé** (P144), **mont-blanc** (P116)

Avice, Jean[ジャン アヴィス]zhanh ah-vees
尙・阿維斯。十九世紀的糕點師。是巴黎高級糕點店「**Bailly**」安東尼・卡漢姆(**Carême, Antonin**)任職時的現場負責人
→ **Carême, Antonin**

Bérnachon[ベルナション]behr-nah-shonh
Bérnachon(糕點店)。從可可豆的煎焙至巧克力的製作都能獨立完成的里昂**Lyon**巧克力專門店。創立者是**Maurice Bérnachon**(1919～1999)。店內也有糕點類的品項
→ **gâteau du président** (P111)

Bocuse, Paul[ポール ボキューズ]
pohl-boh-kews
保羅・博庫斯**Paul Bocuse**(1926～2018)。最具代表的法國主廚。獲得過**M.O.F.**、法國國家榮譽軍團勳章**Légion d'honneur**(騎士勳位**chevalier**)。從1965年開始，位於**Collonges-au-Mont-d'Or**的餐廳「**Paul Bocuse**」一直維持米其林三星的殊榮
→ **M.O.F.** (P138), **gâteau du président** (P111)

Brillat-Savarin, Jean-Anthelme
[ジャンアンテルム ブリヤサヴァラン]
zhonh-anh-tehlm bhree-yah-sah-vah-renh
尙-安泰姆・布西亞-薩瓦蘭(1755～1826)。法國的法官、同時是作家。將美食以學術方式記述(美食學**gastronomie**)，著有『味覺生理學**Physiologiede Goût**』。以其命名的糕點，以薩瓦蘭蛋糕最爲聞名
→ **savarin** (P125)

Carême, Antonin[アントナン カレム]
anh-to-nenh kah-hrehm
安東尼・卡漢姆(1784～1833)。廚師、糕點師。任職於高級糕點店「**Bailly**」時，被夏爾・莫里斯・德塔列朗-佩里戈爾(**Charles Maurice de Talleyrand-Périgord**)(法國政治家)發掘。曾在英國攝政王儲(之後的喬治四世)、俄羅斯亞歷山大大帝一世、駐維也納宮廷的英國大使、羅特希爾德男爵等歐洲各地的王公貴族之下擔任主廚、首席侍者等活躍一時，留下了豪華料理及多層蛋糕、大型糕點**pièce montée**(大型裝飾性糕點)的記錄。
→ **entremets** (P108), **pièce-montée** (P121)

Chiboust[シブゥスト]shee-boost
吉布斯特。十九世紀在巴黎的聖多諾黑大道**saint-honoré**糕點店的糕點師。聖多諾黑**sainthonoré**、吉布斯特奶油餡**crème-Chiboust**的原創者。
→ **saint-honoré** (P125), **crème Chiboust** (P105)

Dalloyau[ダロワイヨ]dah-lwah-yoh
達洛約**Dalloyau**(糕點店)。1802年創業。據說以巴黎歌劇院爲印象製作出的巧克力糕點－歐培拉**Opéra**，就是1955年該店的**Cyriaque Gavillon**發想，其妻**Andrée**爲它命名。→ **Opéra** (P118)

Escoffier, Auguste
[オーギュスト エスコフィエ]
oh-gewst ehs-koh-fyeh
奧古斯特・艾斯考菲(1846～1935)。廚師。曾活躍於倫敦，擔任「**Savoy**」、「**Carlton**」等飯店的料理長。著有『烹飪指南**LeGuide Culinaire**』(1903)建構了現代法

國料理的基礎。艾斯考菲所構思出的料理和糕點非常多，蜜桃梅爾芭**pêches Melba**也是其中之一
→ **pêches Melba** (P121)

Julien, Arthur, Auguste et Narcisse[アルテュール オーギュトエ ナルスィス ジュリヤン]

ahr-tewhr oh-gewst ay nahr-sees zhew-lyonh
從1820年開始活躍的糕點師朱利安三兄弟。構思了從芭芭**baba**發想出的薩瓦蘭**savarin**，和三兄弟蛋糕**trois-frères**
※三兄弟蛋糕**trois-frères**，在打發的雞蛋和砂糖中加入米粉和融化奶油，並以瑪拉斯欽櫻桃利口酒（**marasquin**）或蘭姆酒增添香氣，放入三兄弟模中烘烤，將烘烤完成的圓形法式塔皮覆於表面後刷塗杏桃果醬，再飾以杏仁果、歐白芷製作而成。是過去的經典糕點，現在幾乎沒有人製作了，因此只有模型爲人所熟知。
→ **savarin** (P125) , **trois-frères** (P54) , **marasquin** (P91) , **angélique** (P78)

Lacam, Pierre[ピエール ラカン]

pyehr lah-kahm
皮埃爾・拉康（1836～1902）。廚師、糕點師。巴黎「拉杜耶**Ladurée**」的糕點主廚。構思了眾多糕點，並著有『關於糕點的歷史地理備忘錄**Mémorial historique et géographique de la pâtisserie**』，介紹了傳統的糕點和外國的糕點。

Ladurée[ラデュレ]lah-dew-hray

拉杜耶（糕餅店）。1862年在巴黎以麵包店的形式創立。之後轉型成糕餅、咖啡店，最後結合二者成爲茶沙龍**salon de thé**。以豪華裝潢著稱 → **Lacam, Pierre, salon de thé** (P144)

Lenôtre, Gaston

[ガストン ルノートル]gahs-tonh luh-nothr
賈斯通-雷諾特（1920～2009）。糕點師。於1957年在巴黎展店。1971年創設了烹調、糕點技術學校。最早開始將糕點食譜數據化，對於糕點製作技術的普及，和現代法國糕點的發展有著莫大的貢獻。帶給糕點師們巨大的影響，學生當中包括了其後擔任**Relais Dessert**甜點師協會首任會長的，路西安・佩提耶**Lucien Peltier**、阿爾薩斯「**Jacques**」的傑哈班瓦**Gérard Bannwarth**等人。
→ **Peltier, Lucien**

Leszczynski, Stanislaw

[スタニスラフ レシチンスキ]
stah-nyees-wahf-lehg-zhenh-skee
斯坦尼斯瓦夫・萊什琴斯基、**Stanisław I Leszczyński**、斯坦尼斯瓦夫一世（1677～1766）。波蘭國王。1736年退位成爲洛林公爵。在洛林**Lorraine**的南錫**Nancy**建立宮廷。以美食家而聞名，芭芭**baba**的命名者。路易十五王妃之父
→ **Lorraine** (P132) , **Nancy** (P133) , **baba** (P97)

Peltier, Lucien[ルスィヤン ペルティエ]

lew-syenh pehl-tyeh
路西安・佩提耶（1941～91）。1972年繼承家業成爲巴黎「佩提耶**Peltier**」的老闆主廚。以自身的感性，表現在嶄新的糕點創作型態，構築引領了六〇～七〇年代「**nouveaux gâteaux**嶄新糕點」的潮流，也深深地影響了日後的法國糕點。**Relais Dessert**甜點師協會（→P138）的首任會長

Point, Fernand[フェルナン ポワン]

ehr-nanh-pwanh
費南德・波伊特（1897～1955）。位於里昂**Lyonnais**維埃納**Vienne**省，餐廳「**Pyramide**」的老闆兼主廚。隨著汽車的普及而廣受注目的餐廳龍頭，活化簡約食材本身的風味，使得各地的美食家都爲了品嚐費南德・波伊特的新式法國料理，而齊聚餐廳「**Pyramide**」，進而被稱之爲「美食殿堂」。餐廳廣爲人知的糕點就是他所構思的馬郁蘭蛋糕**gâteau marjolaine**
→ **gâteau marjolaine** (P112)

Procope[プロコプ]phroh-kop

普羅可布咖啡館（**Café Procope**）。義大利人**Francesco Procopio dei Coltelli**（1650～

1727)於1686年在巴黎開店，被認爲是咖啡館的原型。使用了果實、香草製成的冰淇淋也廣受好評。

Saint Nicolas[サン ニコラ]senh-nee-koh-lah
聖尼古拉、聖尼古拉斯(270年左右～345年或352年)。天主教的聖徒。古羅馬時代的主教。也有聖古拉斯就是耶誕老人起源的說法。12月6日是聖尼古拉節，比利時、德國、法國北部等，都有聖尼古拉會騎驢將糕點送給好孩子的傳說，所以當地在節日的前夕，有贈送禮物給孩子的習俗。

協會・競賽等其他

Coupe du Monde de la Pâtisserie
[クップ デュ モンド ド ラ パティスリ]
koop dewh monhd duh lah pah-tees-hree
世界盃甜點大賽(競賽)。在法國里昂郊外的國際外食產業商展會場內(**SIRHA**)舉辦的糕點技術大賽。

M.O.F.,
Meilleurs Ouvriers de France
[モフ、メイユール ウヴリエ ド フランス]
ehm-oh-ehf, meh-yuhr oo-vree-yeh duh franhs
法國最佳工藝師(競賽)、簡稱爲**M.O.F.**。法國優秀工藝師。以競賽形式，經嚴格審查後選出者所獲得的稱號。包含烹飪、糕點製作等，爲了提升各種領域的專業技術而設置

Relais Dessert[ルレ デセール]
hruh-lay day-sehr
甜點師協會(協會組織)。1981年在法國設立，以提升糕點師(和巧克力師)技術爲目的之協會。首任會長是路西安・佩提耶**Lucien Peltier**。會員遍及世界各地
→ **Peltier, Lucien**

其他

A

aliment［アリマン］ah-lee-manh
陽 食物、食品
→ **alimentaire** (P43)

A.O.C.［アオセ］ah-oh-say
陽 法定產區、原產地名控制、原產地命名管理。**appellation d'origine contrôlée**〔アペラスィヨン ドリジーヌ コントロレ〕之簡稱
※在法國特定地區，遵守傳統製法、品種、飼育法、栽培法之農產品，經國家認定保護的名稱。2009年開始移交**A.O.P**管理
⇒ **appellation**［アペラスィヨン］陰 名稱、稱謂、**origine**［オリジーヌ］陰 原產地、起源、**contrôlé / contrôlée**［コントロレ］形 被管理
→ **A.O.P.**

A.O.P.［アオペ］ah-oh-pay
陽 歐洲原產地命名保護。**appellation d'origine protégée**〔アペラスィヨン ドリジーヌ プロテジェ〕之簡稱。與**A.O.C.**同等，經**EU**(歐盟)認可、保護之名稱
※包含伊思尼的奶油**beurre d'Isigny**、**crème d'Isigny**、艾許奶油**beurre d'Échiré**、普瓦圖-夏朗德的奶油**beurre Poitou-Charentes**、佛日山脈的冷杉蜂蜜**miel de sapindes Vosges**、格勒伯勒的牛奶 **noix de Grenoble**、諾曼第卡門貝爾起司**camembert de Normandie**等，各種起司、葡萄酒、家畜、家禽等農產品都是經過認定後的名稱。
→ **A.O.C.**
⇒ **protégé / protégée**［プロテジェ］形 被保護的
→ **Isigny** (P132) , **Échire** (P131) , **Grenoble** (P132) , **Normandie** (P133)

arôme, arome［アローム］ah-hrom
陽 芳香
→ **aromatiser** (P11)

B

base［バーズ］bahz
陰 底部、基底

bord［ボール］bohr
陽 邊緣、邊界

bordure［ボルデュール］bohr-dewhr
陰 留下邊緣、緣飾

botte［ボット］bot
陰 束
→ 附錄 計數方法 (P157)

bouchon［ブション］boo-shonh
陽 軟木塞、木塞的形狀
＊bouchon de champagne〔～ドシャンパーニュ〕香檳塞。該形狀的巧克力點心。

boulanger / boulangère
［ブランジェ／ブランジェール］
boo-lanh-zhay / boo-lanh-zhehr
陽／陰 麵包師父

boulangerie［ブランジュリ］
boo-lanh-zhree
陰 麵包店(店)、麵包的製作・銷售業

boutique［ブティック］boo-teek
陰 店
※小規模的賣店、出售自製商品的賣店。
⇒ **magasin**［マガザン］含大型商店的一般商店。也有倉庫的意思。

café［カフェ］kah-fay
陽 咖啡館。提供咖啡、可可、紅茶等不含酒飲料以及酒精類飲料、三明治、沙拉等簡單餐食的飲食店。
→ **café** (P89)

campagne［カンパーニュ］kanh-pahny
陰 鄉村
＊pain de campagne〔パン ド～〕鄉村麵包。

chat / chatte［シャ／シャット］shah / shaht
名 貓
→ **langue-de-chat** (P113)

chocolaterie［ショコラトゥリ］
sho-ko-lah-three
陰 巧克力工場、工坊、巧克力專門店

chocolatier / chocolatière
［ショコラティエ／ショコラティエール］
sho-ko-lah-tyeh / sho-ko-lah-tyehr
1. 陽／陰 巧克的的製造、販售業（者）。巧克力師
2. 陰 可可壺
※製作可可（巧克力）專用的熱水瓶。
→ **chocolat** (P93)

chute［シュット］shewt
陰 切下的碎片
＊chutes de feuilletage〔～ ドフイユタージュ〕折疊派皮麵團切下的邊緣。

cire d'abeille［スィール ダベイユ］
seehr dah-behy
陰 蜜蠟、蠟
※刷塗在可麗露模型內（被認可的食品添加物，即使食用也沒有問題）。
→ **cannelé de Bordeaux** (P102)

confiserie［コンフィズリ］konh-feez-hree
陰 糖果。糖果專門店、糖果製造、販售業

confiseur / confiseuse
［コンフィズール／コンフィズーズ］
konh-fee-zuhr / konh-fee-zuhz
陽／陰 糖果師、糖果製造、販售業（者）

conservation［コンセルヴァスィヨン］
konh-sehr-vah-syonh
陰 保存、貯藏
→ **conserver** (P14)

conserve［コンセルヴ］konh-sehrv
陰 罐裝、瓶裝、保存食品
※作爲材料的罐裝會寫成**ananas en boîte**〔アナナ（ス）アン ボワット〕罐裝鳳梨，如此地標示。保存水果時，有水煮和糖煮，**... au naturel**〔オ ナテュレル〕…水煮、**... au sirop**〔オ スィロ〕…的糖煮，則以此方式標示。
＝ **boîte de conserve**［ボワット ド ～］罐裝
→ **conserver** (P14), **boîte** (P55), **naturel** (P46), **sirop** (P125)

convive［コンヴィーヴ］konh-veev
名（被招待用餐的）客人、用餐者

cuiller, cuillère［キュイエール］kwee-yehr
陰 匙、湯匙
→ 附錄 計數方法 (P157)

cuillerée［キュイユレ］kwee-yeh-hray
陰 一湯匙的用量
→ 附錄 計數方法 (P157)

cuisine［キュイズィンヌ］kwee-zeen
陰 烹調處、料理

débris［デブリ］day-bhree
陽 碎片、破碎殘片
＊débris de marron glacé〔～ド マロン グラセ〕糖漬栗子碎片（碎屑）。

degré［ドゥグレ］duh-ghray
陽 度（溫度、糖度等）。程度、樓梯

demi / demie[ドゥミ]duh-mee
[形]一半的 [副]一半。[陽]半量、二分之一、0.5）
＊demi-sec〔ドゥミセック〕半乾燥。
※名詞、形容詞、副詞之前會以冠以**demi-**的形態，多是結合成單字的形態使用。
＊beurre demi-sel〔ブール～セル〕低鹽奶油。demi-poire〔～ポワール〕切半的西洋梨。
→[附錄]計數方法 (P156)

département[デパルトマン]
day-pahr-tuh-manh
[陽]省
※在法國本土有96省、海外有5省。

diamètre[ディヤメトル]dyah-methr
[陽]直徑
＊20 cm de diamètre 〔ヴァン サンティメトル ド～〕直徑20cm。

double[ドゥブル]doobl
[陽]二倍 [形]二倍的、雙重的 [副]成爲二倍、雙重
→ **crème double** (P91・**crème**)

économat[エコノマ]ay-ko-no-mah
[陽]倉庫、食材保存室
※糕點店或餐廳的作業場所、廚房所附屬的房間，保管由業者處採購之食材與材料的地方。（一般也用在會計相關、企業內社員商店或採購部的意思）

élément[エレマン]ay-lay-manh
[陽]材料
＊éléments principaux〔～プランシポ〕主要材料。principaux是principal[プランシパル][形]的陽性複數形。

façon[ファソン]fah-sonh
[陰]方法、作法方式
＊à ma façon〔アマ～〕自成流派、獨有。

fête[フェット]feht
[陰]休假日、節日

feu（[複]**feux**）[フ]fuh
[陽]火、燈
＊à feu doux〔ア～ ドゥ〕用小火、à feu moyen〔ア～モワイヤン〕用中火、à feu vif〔ア～ヴィフ〕用大火。

fin[ファン]fenh
[陰]結束、最後

finition[フィニスィヨン]fee-nee-syonh
[陰]完成 → **finir** (P21)

foire[フォワール]fwahr
[陰]（農村的）市集、展覽會、展示會。廟會、祭典

goutte[グット]goot
[陰]滴
→[附錄]計數方法 (P157)

grumeau（[複]**grumeaux**）[グリュモ]
ghrew-moh
[陽]塊。小塊
＊grumeaux de farine〔～ ド ファリーヌ〕麵粉塊。

hauteur[オトゥール]oh-tuhr
[陰]高度
＊mouiller à hauteur d'eau〔ムイエア～ド〕水加至蓋過材料的高度。

hygiène[イジエンヌ]ee-zhyehn
[陰]衛生、清潔的維持
＊hygiène publique〔～ピュブリック〕公共衛生、hygiène alimentaire〔～アリマンテール〕食品衛生。

ingrédient[アングレーディヤン]
enh-ghray-dyanh
[陽]（料理、糕點的）材料

＊les ingrédients pour la pâte à choux〔レザングレーディヤン プールラ パータ シュゥ〕泡芙麵糊用的材料。

L

laboratoire［ラボラトワール］
lah-boh-hrah-twahr
陽 糕點店的作業場所。爲製作糕點、冰淇淋、糖果等的獨立場所
※備用工作檯、水槽、烤箱、攪拌機、量秤等機器、模型、紙類等必要器具的房間。會省略爲**labo**〔ラボ〕。（一般也同時是實驗室、研究所的意思）

laitier / latière
［レティエ／レティエール］leh-tyay / leh-tyehr
陽／陰 乳製品店、酪農家
（形 **laitier / laitière**［レティエ／レティエール］牛奶相關的、牛奶的）
＊produit laitier〔プロデュイ～〕乳製品。

langue［ラーング］lanhg
陰 舌頭
→ **langue-de-chat** (P113)

largeur［ラルジュール］lahr-zhuhr
陰 寬度、橫幅

longueur［ロングール］lonh-guhr
陰 長度、縱長

machine［マシーヌ］mah-sheen
陰 機械

main［マン］menh
陰 手、手掌

maison［メゾン］meh-zonh
陰 家、店　形 自製的、本店特製的

marché［マルシェ］mahr-shay
陽 定期市集、市場

matière［マティエール］mah-tyehr
陰 材料、素材

mesure［ムジュール］muh-zewhr
陰 大小。測量、計量
→ **mesurer** (P26)

miroir［ミロワール］mee-hrwahr
陽 鏡、鏡面
→ **miroir chocolat** (P94)

morceau（［複］**morceaux**）［モルソ］
mohr-soh
陽 一瓣、一片、一塊、（肉的）部位
＊couper un morceau de pain〔クペ アン～ド パン〕切出一片麵包。
→ 附錄 計數方法 (P157)

neige［ネージュ］nehzh
陰 雪
＊monter en neige〔モンテ アン～〕（白色膨鬆的柔軟狀）打發。

nid［ニ］nee
陽 巢
→ **nids de Pâques** (P117)
＊nids d'abeilles〔～ダベイユ〕蜂巢。

paquet［パケ］pah-keh
陽 小包、包裝、盒裝
→ 附錄 計數方法 (P157)

pâtisserie［パティスリ］pah-tees-hree
陰 糕點。糕點店、糕餅製造、販售業

pâtissier / pâtissière
［パティスィエ／パティスィエール］
pah-tee-syay / pah-tee-syehr
陽／陰 糕點師　形 糕點的、糕點店的
→ **crème pâtissière** (P106)

paysan / paysanne

［ペイザン／ペイザンヌ］pay-ee-zanh / pay-ee-zahn

陽／陰 農民　形 鄉村風的

＊tarte à la paysanne〔タルトアラ～〕鄉村風格的塔餅、農家風格的塔餅。

perle［ペルル］pehrl

陰 珍珠、玉。撒放糖粉後烘烤的手指餅乾 **biscuit à la cuiller** 表面的粒狀

※餅乾麵團撒上糖粉烘烤時，糖粉溶化凝固成細小顆粒，使表面完成時呈現酥脆口感。

→ **biscuit à la cuiller** (P99)

⇒ **perler**［ペルレ］自（液體）落下成滴、製作成圓球

personne［ペルソンヌ］pehr-sohn

陰 人

＊pour 4 personnes〔プールカトル～〕四人分。

pièce［ピエス］pyehs

陰（整合成）一個、一塊

＊une pièce de gâteau〔ユンヌ～ドガト〕一整個模型。

pied［ピエ］pyeh

陽 腳尖、一股、腳

→ 附錄 計數方法 (P157)

pincée［パンセ］penh-say

陰 一把

→ 附錄 計數方法 (P157)

pluie［プリュイ］plwee

陰 雨、降雨

＊ajouter la farine en pluie〔アジュテラファリーヌアン～〕撒入麵粉至其中。

poids［ポワ］pwa

陽 重量

pointe［ポワーント］pwanht

陰 前端、極少量

→ 附錄 計數方法 (P156)

pommade［ポマード］po-mahd

陰 香脂、軟膏

＊beurre en pommade〔ブール アン～〕軟膏狀的奶油。

prise［プリーズ］phreez

陰 1 一小撮

※以三根手指抓起的分量、鹽約是3g。

2. 凝固

※由動詞 **prendre** 衍生出的名詞。

→ 附錄 計數方法 (P157)，**prendre** (P30)

prix［プリ］phree

陽 價格、費用

produit［プロデュイ］phroh-dwee

陽 生產物品、製成品

＊produits alimentaires〔～アリマンテール〕食品。

province［プロヴァーンス］phroh-venhs

陰 地方、鄉村

qualité［カリテ］kah-lee-tay

陰 質、品質

quantité［カンティテ］kanh-tee-tay

陰 量

＊quantité suffisante〔～スュフィザーント〕適量。省略寫成q.s.（形 suffisant / suffisante［スュフィザン／スュフィザーント］充分的）。

quart［カール］kahr

陽 四分之一

＊un quart de litre〔アン～ドリトル〕四分之一公升 (250mℓ)。

→ **quatre-quarts** (P124)

quartier［カルティエ］kahr-tyeh

陽 1. 四分之一

2. 一瓣、一塊、一片、（柑橘類的）一瓣、一袋、彎月形

＊un quartier de fromage〔アン～ドフロマージュ〕一片起司、四分之一個起司。
＊couper les pommes en quartiers〔クペ レ ポムアン～〕蘋果切成四片彎月形。

recette[ルセット]hruh-seht
陰料理、糕點的配方、製作方法、食譜

région[レジヨン]hray-zhyonh
陰地方。大區
※法國本土共區隔成23個大區（在法國由複數省集結而成的行政劃分單位）。
→地圖 (P10)

restaurant[レストラン]hrehs-toh-ranh
陽餐廳

rognure[ロニュール]hroh-nyuhr
陰切下的碎片、麵團的切邊
＝**chute**

sachet[サシェ]sah-shay
陽小的袋子、小袋
→附錄計數方法 (P157)

salon de thé[サロン ド テ]
sah-lonh duh tay
陽茶沙龍、茶館
※提供糕點類和紅茶、咖啡、可可等無酒精性飲品的店家。也可以享用三明治、沙拉、雞蛋料理或派餅料理等輕食。

souvenir[スヴニール]soov-neehr
陽記憶、回憶、土產品、紀念品

suite[スュイット]sweet
陰接著、之後、下次
＊Tout de suite!〔トゥド～〕火速！
→**tout** (P47)

taille[タイユ]tahy
陰大小、尺寸

température[タンペラテュール]
tenh-pay-hrah-tewhr
陰溫度
＊température ambiante〔～アンビヤーント〕周圍的溫度＝常溫、室溫。

temps[タン]tanh
陽時間
＊temps de cuisson〔～ドキュイソン〕烹調（加熱）時間。

terme[テルム]tehrm
陽用語、術語。到期日
＊termes de pâtisserie〔～ドパティスリ〕糕點製作用語。

tête[テット]teht
陰頭、前端
＊brioche à tête〔ブリヨシュア～〕帶有頭型的皮力歐許。

tiers[ティエール]tyehr
陽三分之一
→附錄計數方法、分數 (P156)

triple[トリプル]threepl
陽三倍　形三倍的、三重的
→**Triple sec** (P91)

trou[トルゥ]throo
陽孔洞、空白
＊trou normand〔～ノルマン〕用餐間的口味轉換、肉類主餐上菜前的雪酪。

ustensile[ユスターンスィル]ews-tanh-seel
陽器具、用具

vapeur［ヴァプール］vah-puhr

陰蒸氣

＊cuire à la vapeur〔キュイールアラ～〕蒸煮。

variété［ヴァリエテ］vah-hryeh-tay

陰多樣性、多種類

→ **varié** (P47)

vendeur / vendeuse

［ヴァンドール／ヴァンドゥーズ］

vanh-duhr / vanh-duhz

陽／陰銷售員、店員

vie［ヴィ］vee

陰生活、人生、生命

→ **eau-de-vie** (P90)

volume［ヴォリューム］voh-lewm

陽容量、體積

附錄

依砂糖熬煮程度（溫度）產生變化的狀態名稱

※砂糖依熬煮溫度不同，待其冷卻時的狀態也會有各種的變化，被運用在不同用途。各別狀態的正確敘述名稱，希望大家都能認識並熟記。

	溫度	狀態	用途
nappé〔ナペ〕	100～105°C	湯匙等浸泡至其中時會薄薄地覆蓋於整體。	芭芭、薩瓦蘭等（浸泡糖漿）。
filé〔フィレ〕	110°C為止	用手指蘸取以冷水冷卻時，會在手指間拉出糖絲。	糖漬水果、杏仁膏、法式水果軟糖等。
soufflé〔スフレ〕	113～115°C左右	用杓子或巧克力專用叉（圈形）蘸取吹氣後，糖漿會像泡包般膨脹起來。	義大利蛋白霜、翻糖（風凍）、果醬等。
boulé〔ブレ〕	135°C為止	一旦滴入冷水中就會成為球狀。	義大利蛋白霜、果醬、牛軋糖等。
cassé〔カセ〕	155°C為止	一旦滴入冷水中就會成為堅硬的板狀、破裂。	果醬、牛軋糖、糖果等。
caramel clair 〔カラメル クレール〕	155～165°C左右	淡色的焦糖。從帶著極淺黃色至金黃色（blond）。	泡芙塔croquembouche的黏著、砂糖工藝等。也稱為grand jaune〔グラン ジョーヌ〕。
caramel brun 〔カラメル ブラン〕	170～180°C左右	褐色焦糖。濃重黃金色至褐色。一般會稱為焦糖色。	布丁的焦糖醬、或用於增添奶油餡、冰淇淋等的風味。
caramel foncé 〔カラメル フォンセ〕	約是185°C以上	深濃的焦糖。幾乎近似黑色、也已失去甜味。	被用作染色材料使用。

※有時**filé,soufflé,boulé,cassé**在其各別的溫度帶之間，會將前半稱爲**petit**〔プティ〕、後半稱爲**grand**〔グラン〕以作爲區別。
例：**petit filé, grand filé**

法定產區等

在特定的地區，遵守傳統製作方法、品種、飼育法、栽培法製作出的農產品或製品，經由國家認定、保護之稱謂。
A.O.C.→（P139）
A.O.P.→（P139）

在廚房常被使用的祈使句形（動詞）

在法國修習過程於廚房接受指示或提出指示時，經常使用的祈使句形。法語當中，對面說話對象時，使用第二人稱代名詞，有vous和tu的二個方法，使用哪一種則會依動詞的形態而有不同。

vous：初見、不太熟悉的對象、明顯是長輩上司者、（銷售員）待客用語等、相當於日語中的「あなた（您）」，談話時會以「**vous** ヴ（您）」來使用（您ヴヴォワイエ **vouvoyer** 他）。
tu：家族、熟悉親密的朋友、戀人或對小朋友時，相當於日語中的「君（你／妳）」、「お前」，談話時會以「**tu** テュ（你／妳）」來使用（你テュトワイエ **tutoyer** 他）。
另外、**vous** 也是 **tu** 的複數形（「你們」「您們」）。

在廚房使用的大多是祈使句形，主詞（**vous**或**tu**）會被省略。變化對應**tu**或對應**vous**使其產生變化形，表示出對聽話對象的命令或請託。
對應於**vous**的命令句形，其中增加了「**s'il vous plaît**〔スィル ヴ プレ〕（請）」則是更尊重謙和的說法。
除此之外，動詞會有相對於第一人稱複數代名詞**nous**（我們）的對應形，也有「（一起いっしょに）〜吧しよう（彼此一起）」的說法（祈使句形）。

祈使句形的動詞變化（語尾是-er規則變化的動詞時）

相對於**tu**的祈使句形　→基本上不定詞（詞彙形）的語尾會去**r**
相對於**vous**的祈使句形　→將不定詞語尾的**r**去除，再加上**z**
相對於**nous**的祈使句形　→將不定詞語尾的**er**或**ir**去除、再加上**ons**
※動詞語尾結束在〜**er**,〜**ir**的情況很多，有些在某個程度上已成爲固定格式化的，則多有不規則的活用形（關於動詞的活用，請參考一般字典或文法書）。
例：
couper（切）的祈使句形
相對於**tu**　→**Coupe.**〔クプ〕（切）
相對於**vous**　→**Coupez.**〔クペ〕（切吧）
尊重謙和的說法　→**Coupez, s'il vous plaît.**〔クペ スィル ヴ プレ〕（請切）
相對於**nous**　→**Coupons.**〔クポン〕（切！）

不規則變化動詞的祈使句形

法語因有不規則變化的動詞，因此請確認字典等所附的動詞活用表。
例如：
faire〔フェール〕（製作）的祈使句形
相對於**tu**　→**Fais.**〔フェ〕（製作）
相對於**vous**　→**Faites.**〔フェット〕（製作吧）
相對於**nous**　→**Faisons.**〔フェゾン〕（製作！）

mettre〔メットル〕（放置、放入）的祈使句形
相對於**tu**　→**Mets.**〔メ〕（放著）
相對於**vous**　→**Mettez.**〔メテ〕（放著吧）
相對於**nous**→**Mettons.**〔メトン〕（放好！）

食譜配方 recette (recipe) 的讀法

食譜配方 **recette**（糕點、料理的配比、製作方法）當中，幾乎所有的動詞都是使用不定詞（字典上的詞彙形）。雖然不定詞也可以用作命令的意思，但在食譜當中則會以「做～」替代進行翻譯。

例：

ajouter le sucre「請添加砂糖吧」

→食譜翻譯成中文時，以「添加砂糖」的方式來表現較爲適宜。

用量的讀法與標記，請參照附錄計數方法（P156）。

糕點名稱的命名方式，請參照附錄糕點名稱的命名與副材料名的規則（P151）。。

法語的讀法（發音必須注意之處）

法語，有不發音或與母音結合後發音完全不同的地方，因此糕點名稱以日文片假名標示發音時，請務必多加留意。（中文版以羅馬拼音標示讀法）

1. liaison　聯誦：

法語當中，語尾的子音基本上不發音。但其後接讀的是母音爲首的語詞時，像**des**、**les**等的「**s**」，本音不發音，語尾的子音則需發音。

例：**les oranges**〔レ ゾラーンジュ〕〔lay zo-hranh-zh〕柑橘

2. enchaînement　連音：

原本有發音的語尾子音，與後面相連語詞的母音連結，發音進而改變者。

例：**avec un peu de sucre**〔アヴェッカン プ ド シュクル〕〔ah-veh kuhnh puh duh sew-khr〕加一點砂糖

une orange〔ユン ノラーンジュ〕〔ew no-hranh-zh〕柑橘

3. élision　母音省略「d '～」、「l '～」：

後面連結的語詞以母音爲首，或是無聲**h**爲首時（參考下方），定冠詞**le**、**la**或前置詞**de**等會省略，而與後面語詞結合，成爲一個語詞般的發音。

例：**l'eau**〔ロ〕〔lo〕水　**l'huile**〔リュイル〕〔lweel〕油

d'amande〔ダマーンド〕〔dah-manhd〕杏仁的

4. h的發音

法語當中**h**基本上不發音。

但語頭有**h**時，就必須特別注意。即使實際上沒有發音，也有分爲必須視其爲「有聲**h**」與「無聲**h**」，若是無聲**h**，則與以母音爲始的語詞同樣地聯誦，產生上述**1.**～**3.**的變化。到底是哪一種**h**，則以字典加以確認爲宜。

例：**huile**〔ユイル〕〔weel〕（無聲**h**）　**l'huile**〔リュイル〕〔lweel〕油

hacher〔アシェ〕〔ah-shay〕（有聲**h**）　**amandes hachées**〔アマーンド ザシェ〕〔ah-manhd zah-shay〕X→〔アマーンド アシェ〕〔ah-manhd ah-shay〕杏仁碎粒

糕點名稱的命名與副材料名的規則

糕點名稱幾乎都會冠上前置詞或冠詞，請大家也熟記此規則。

1. 糕點的種類＋前置詞de＋名詞（主要材料、地名等）

～的…

※使用前置詞**de**。**de**之後的名詞不需加冠詞。

例：

南錫的馬卡龍　**macaron de Nancy**〔マカロン ド ナンスィ〕〔mah-kah-hronh duh nanh-see〕

糖煮的洋梨　**compote de poire**〔コンポット ド ポワール〕〔konh-poht duh pwahr〕

2. 糕點的種類＋前置詞à＋定冠詞＋名詞（副材料、決定風味的材料）

～風味的…、加入～的…

※使用前置詞**à**。會因後面接續的名詞詞性、數量，而改變前置詞＋定冠詞的部分，成爲口語句型（請參考P152「必須牢記的前置詞＋定冠詞的口語句型」）。但，前置詞之前的名詞（糕點的種類）詞性、數量不受影響。

au＋陽性名詞的單數形

例：

巧克力塔　**tarte au chocolat**〔タルト オ ショコラ〕〔tahr-to sho-ko-lah〕

à la＋陰性名詞的單數形

例：

香草冰淇淋　**glace à la vanille**〔グラス ア ラ ヴァニーユ〕〔glahs ah lah vah-neey〕

à l'＋以母音爲首的單數形名詞

例：

鳳梨慕斯　**mousse à l'ananas** 陽〔ムゥス ア ラナナ（ス）〕〔moos ah lah-nah-nah(s)〕

柳橙蛋糕　**cake à l'orange** 陰〔ケック ア ロラーンジュ〕〔keh-kah lo-hranh-zh〕

aux＋複數形名詞

例：

檸檬塔　**tarte aux citrons** 陽・複〔タルト オ スィトロン〕〔tahr-to see-tronh〕

蘋果塔　**tarte aux pommes** 陰・複〔タルト オ ポム〕〔tahr-to pom〕

杏桃果醬塔　**tarte aux abricots** 陽・複〔タルト オ ザブリコ〕〔tahr-to-zah-bhree-ko〕

柳橙塔　**tarte aux oranges** 陰・複〔タルト オ ゾラーンジュ〕〔tahr to zo-hranh-zh〕

※**au**〔オ〕是前置詞à＋定冠詞le、**aux**〔オ〕是前置詞à＋定冠詞les的口語句型。
aux的**x**通常是不發音，但接續以母音爲首的語詞時，則成爲聯誦地與母音連結發音。

3. 糕點名稱＋形容詞

冠以配合糕點的詞性、數量變化的形容詞（→關於形容詞P7）

～的…、～風的…

例：

※形 **breton/bretonne**〔ブルトン／ブルトンヌ〕〔bruh-tonh/ bruh-tohn〕＝布列塔尼的～

布列塔尼奶油蛋糕**gâteau breton**〔ガト ブルトン〕〔ga-to bruh-tonh〕＝ **gâteau** 陽・單 ＋

附録

breton 形陽・單
布列塔尼烘餅 **galette bretonne**〔ガレット ブルトンヌ〕〔gah-leht bhruh-tohn〕
= **galette** 陰・單 ＋ **bretonne** 形陰・單

4. 糕點名稱＋ à la（形容詞的語頭為母音時則為 à l'）＋形容詞陰性形

～風格的…

例：
tarte à la paysanne〔タルト ア ラ ペイザンヌ〕〔tahr-tah lah pay-ee-zahn〕鄉村風格塔
※也有**à la**被省略時。此時即使是陽性名詞的糕點名稱，但形容詞是陰性形，所以直接使用。
例：
巴黎風格泡芙 **chou à la parisienne**〔シュゥ ア ラ パリジェンヌ〕〔shoo ah lah pah-hree-zee-ehn〕
→**chou parisienne**
（**chou**是陽性名詞，因此直接使用形容詞時，本來應是**chou parisien**，但卻以上述的陰性形表示。）

5. 麵團和奶油餡等名稱

pâte 陰 麵團、麵糊、或**appareil** 陽 奶蛋液、**crème** 陰 奶油餡等，直接冠上形容詞時（①）和冠上前置詞**à**「～用的」（②）。或是也有用前置詞**de**來表示主要材料的（③）。

例：
①**pâte sucrée**〔パート スュクレ〕〔paht sew-kray〕（添加砂糖的甜味）甜酥麵團
②**pâte à crêpe**〔パータ クレップ〕〔pah-tah krehp〕可麗餅用的麵糊
※**pâte**後面持續加上**à**時、與語尾的**t**和**a**接續一起發音就成了「パータ」。
③**pâte d'amandes**〔パート ダマーンド〕〔paht dah-manhd〕杏仁膏（**marzipan**）

6．表示使用材料時的「de」之後接續的名詞，可以是單數或複數

如**1.**或**5.**所顯示，無論糕點、麵團或奶油餡，只要該語詞之後接續著 de＋材料名，就表示其主材料的名稱。此時**de**是「以～完成的、加入～的、～製作的」的意思，**de**之後接的名詞不用添加冠詞，也無關乎單數形或複數形。
※大多慣用複數形的名詞（堅果、莓果類等），如**pâte d'amandes**般，會以複數形來標示。

必須牢記的前置詞＋定冠詞的口語句型

※前置詞**à**或**de**與定冠詞**le**、**les**一起併用時，會以口語句型來表示。

口語句型和發音	舉例
à＋le → **au**〔o〕	chocolat au lait〔sho-ko-lah o leh〕牛奶（風味的）巧克力
à＋les → **aux**〔o〕	chausson aux pommes〔sho-sonh oh pom〕蘋果巧酥（添加蘋果的派餅）
de＋le → **du**〔dew〕	le bord du plat〔luh bohr dew plah〕盤子的邊緣
de＋les → **des**〔day〕	les segments des oranges〔lay sehg-manh day zo-hranh-zh〕柳橙的橙瓣

食譜等當中經常被使用的前置詞、接續詞等

■前置詞

單字	發音	意思
à	〔ah〕	(場所)在～、(特徵、附屬)加入～的、～風味的、(目的)～用的、(手段)以～(依～而)、(終點)至～ ＊2 **à** 3 **pommes**〔duh ah twra pom〕2～3個蘋果。
après	〔ah-phreh〕	在後面、接著(圖後面的)⇔ **avant**
avant	〔ah-vanh〕	前面的、在手邊(圖在前面)⇔ **après**
avec	〔ah-vehk〕	與～ 一起、使用～
chez	〔shay〕	在～的店(中)
dans	〔danh〕	(場所、方向)在～之中、(時間)在～之後 ＊ **dans la pâte**〔danh lah paht〕在那個麵團中。
de	〔duh〕	從～、～的、以～完成的 ＊母音，不發音h前加上d'。
en	〔anh〕	以～完成的、成～的狀態 ＊ **en poudre**〔anh poodhr〕製成粉末狀
entre	〔anthr〕	(空間、時間的)在～之間
hors	〔ohr〕	在～的外面 ＊ **hors du feu**〔ohr dew fuh〕離火
jusque	〔zhewsk〕	(場所、時間、程度)～為止 ※在母音、無發音的**h**前，大多使用**jusqu'**。**jusqu'à**(**au,aux**)的形態。 ＊ **chauffer jusqu'à frémissement**〔sho-fay zhews-kah fhray-mees-manh〕加熱至略為沸騰為止。
par	〔pahr〕	依～而、使用～
pen-dant	〔panh-danh〕	在～之間 ＊ **pendant trois jours**〔panh-danh thrwa zhoohr〕在三日間。
pour	〔poohr〕	為～、(比率)關於～ ＊ **tant pour tant**〔tanh poohr tanh〕相對於一定用量而使用同等用量，也就是等量。主要用於以杏仁和砂糖1:1混合製成粉狀材料。
sans	〔sanh〕	沒有～ ＊ **biscuit sans farine**〔bees-kwee sanh fah-hreen〕沒有添加麵粉的蛋糕體。
sous	〔soo〕	在～下面、在～的下面
sur	〔sewhr〕	在～上面、在～的下面

■接續詞

單字	發音	意思
et	〔ay〕	與～、並且
mais	〔meh〕	但是
ou	〔oo〕	此外

■不定代名詞

單字	發音	意思
rien	〔hryenh〕	什麼都沒有、極少量的東西

數字（數量詞／序數詞） 數字中有數量詞和序數詞

■數量詞

陽性名詞。冠於名詞前，數個（幾個的、幾人的）時使用的形容詞，僅1的時候，陽性名詞使用**un**、陰性名詞使用**une**的區隔。作爲形容詞使用時，5、6、8、10的語尾子音不發音。此時發音會以（ ）來表示。

■序數詞

表示第幾個順序的形容詞。

數量詞冠上「**ième**」作爲序數字。此時，數量詞終了時若爲**e**時，就去**e**、若是**f** 則改爲**v**、若是**q**則加上**u**，再與「**ième**」結合。

「第一個的」**premier**與「第二個的」**second**，有陽性形和陰性形，其餘皆無性別變化。省略標記方法： **premier**是1^{er}、**première**是1^{ère} 「第二個的」以後都略爲2^e、3e、4e。讀音方法與未省略的讀法相同。

下述數量詞 / 序數詞依其順序表示。30以上，則省略序數詞。

0 **zéro**〔zay-hro〕
1 陽 **un**〔uhnh〕、陰 **une**〔ewn〕 / 陽 **premier**〔pruh-mee-ay〕、陰 **première**〔pruh-mee-yehr〕
2 **deux**〔duh〕 / **deuxième**〔duh-zee-yehm〕、陽 **second**〔suh-konh〕陰 **seconde**〔suh-konhd〕
3 **trois**〔thrwa〕 / **troisième**〔thrwa-zee-yehm〕
4 **quatre**〔kathr〕 / **quatrième**〔kah-three-yehm〕
5 **cinq**〔senhk〕 / **cinquième**〔senh-kyehm〕
6 **six**〔sees〕 / **sixième**〔see-zyehm〕
7 **sept**〔seht〕 / **septième**〔seh-tyehm〕
8 **huit**〔weet〕 / **huitième**〔wee-tyehm〕
9 **neuf**〔nuhf〕 / **neuvième**〔nuh-vyehm〕
10 **dix**〔dees〕 / **dixième**〔dee-zyehm〕
11 **onze**〔onhz〕 / **onzième**〔onh-zyehm〕
12 **douze**〔dooz〕 / **douzième** 〔doo-zyehm〕
13 **treize**〔threhz〕 / **treizième**〔threh-zyehm〕
14 **quatorze**〔kah-tohrz〕 / **quatorzième** 〔kah-tohr-zyehm〕
15 **quinze**〔kenhz〕 / **quinzième**〔kenh-zyehm〕
16 **seize**〔sehz〕 / **seizième**〔seh-zyehm〕
17 **dix-sept**〔dee-seht〕 / **dix-septième**〔dee-seh-tyehm〕
18 **dix-huit**〔dee-zweet〕 / **dix-huitième**〔dee-zwee-tyehm〕
19 **dix-neuf**〔dees-nuhf〕 / **dix-neuvième**〔dees-nuh-vyehm〕
20 **vingt**〔venh〕 / **vingtième**〔venh- tyehm〕
21 **vingt et un**〔venh-tay-uhnh〕 / **vingt et unième**〔venh-tay-ew-nyehm〕
22 **vingt-deux**〔venh-duh〕 / **vingt-deuxième**〔venh-duh-zee-yehm〕

※**21**、**31**等、僅幾十與1的時候，會以「**et**」來連結。**2**以後會以「-」來連結。

30 **trente**〔thranht〕
40 **quarante**〔kah-hranht〕
50 **cinquante**〔senh-kanht〕
60 **soixante**〔swa-sanht〕
70 **soixante-dix**〔swa-sanht-dees〕 ※以**60**＋**10**來表示。
71 **soixante et onze**〔swa-sanh-tay-onhz〕 ※**71**是**60**＋**11**、以下至**79**爲止皆如此。
72 **soixante-douze**〔swa-sanht-dooz〕

80 **quatre-vingts**〔kathr-venh〕※以**4×20**來表示。僅**80**是**vingt**再加上**s**、成爲複數形。
81 **quatre-vingt-un**〔kathr-venh-uhnh〕※不加入**et**、以「-」來連結**80**和**1**的位數。
90 **quatre-vingt-dix**〔kathr-venh-dees〕※**90**是以**4×20＋10**來表示。至**99**皆如此。
91 **quatre-vingt-onze**〔kathr-venh-onhz〕
100 **cent**〔sanh〕
101 **cent un**〔sanh uhnh〕※不用**et**也不用「-」。
200 **deux cents**〔duh sanh〕※**200**、**300**等整數時，**cent**就是複數形。

〈**1000**以上的單位〉
1.000（**1**千）………… **mille**〔meel〕
10.000（**1**萬）………… **dix mille**〔dee meel〕
100.000（**10**萬）………… **cent mille**〔sanh meel〕
1.000.000（**100**萬）………… **un million**〔uhnh mee-lee-onh〕
100.000.000（**1**億）………… **cent millions**〔sanh mee-lee-onh〕
1.000.000.000（**10**億）………… **un milliard**〔uhnh mee-lyahr〕
※**million,millard**沒有形容詞的意思，而是名詞，因此加上**de**與名詞結合。
例：**dix millions de tonnes de sucre**〔ディ ミリオン ド トンヌ ド シュクル〕dee mee-lee-onh duh tohn duh sew-khr砂糖**1000**萬噸

度量衡（單位）

單位・標記		法語與發音	意思
容積	**ml**	**millilitre**〔mee-lee-leethr〕	毫升　1ml＝1 cc＝1 cm^3
	cl	**centilitre**〔sanh-tee-leethr〕	厘升　1cl＝10ml
	dl	**décilitre**〔day-see-leethr〕	分升　1dl＝100ml
	l	**litre**〔leethr〕	公升　1ℓ＝1000ml
重量	**g**	**gramme**〔ghrahm〕	公克
	kg	**kilogramme**〔kee-loh-ghrahm〕	公斤　1kg＝1000g
長度	**mm**	**millimètre**〔mee-lee-methr〕	公釐
	cm	**centimètre**〔sanh-tee-methr〕	公分
其他	**% de MG**	**% de matière grasse**〔poohr-sanh duh mah-tyehr ghrahs〕	乳脂肪成分的比率。crème fraîche 40% de MG是乳脂肪成分 40%鮮奶油的的意思
		% de cacao〔poohr-sanh duh kah-kah-oh〕	巧克力的可可成分。chocolat noir 30 % de cacao是可可成分 30%的苦甜巧克力。
	°B	**degré Baumé**〔duh-ghray bo-may〕	波美度。表示糖分濃度的單位。利用比重測定。30°B就是波美 30 度。※ 利用比重測定，所以即使是相同濃度，所謂的白利糖度數值也會不同。
		degré Brix〔duh-ghray bhreeks〕	白利糖度。以%表示糖分濃度的單位。利用光折射率來測定。25 degré Brix是 25白利糖度。
	°C	**degré Celsius**〔duh-ghray sehl-sy-ews〕	攝氏～度

計數方法

以分量表、配比等來表示數字或用量時，基本上是以 表示分量的用語＋de＋材料名稱 的形態來呈現。

※**de**的後面接續的名詞，像麵粉、牛奶等無法計數者（不可數名詞）會以幾公克、幾毫升呈現，無法視爲複數形，但可計數名詞（可數名詞），就能顯而易見地以複數形呈現。

＊200g de cerises〔ドゥサングラムドスリーズ〕櫻桃200公克

→計數方法各式各樣（如下述）

■水果等「～個」可以計數者（可數名詞）

這些可以直接冠以數字（複數時，名詞就變成複數形）。

＊4 pommes〔カトルポム〕蘋果 4 個 、 3 œufs〔トロワズ〕雞蛋 3 個

■以分數、小數來標示

un(une) demi（半量、一半的用量）有、1/2 **pomme**、0,5 **pomme**般的呈現方式（小數點是「,」）。1/2 以外的分數會以「**de**」與名詞連結。

＊1/3 de pomme〔アンティエールドポム〕蘋果 1/3 個

＊3/4 de pomme〔トロワカールドポム〕蘋果 3/4 個

■數字＋材料的形狀或量測器具名稱（名詞）＋de＋材料名稱

圓切片○片、湯匙○匙等，以材料的形狀或量測器具來表示時，其前冠上的數字爲複數時，形狀或量測器具所表示的名詞就會以複數呈現。（語尾加**s**）。

＊2 rondelles de citron〔ドゥロンデルドスィトロン〕檸檬圓切片 2片

＊un bâton de cannelle〔アンバトンドカネル〕（棒狀的）肉桂棒 1 根

＊3 cuillers à café de sucre〔トロワキュイエールアカフェドスュクル〕砂糖 3 小匙

■使用公克（g）、毫升（ml）等單位時

如下述般表示。數字和單位後面加**de**，再接續材料名稱。一般數字與單位之間會留下半形空白。

＊100 g de farine〔サングラムドファリーヌ〕麵粉 100g

＊20 ml de lait〔ヴァンミリリトルドレ〕牛奶 20ml

■各式各樣的計數方法

	表現和發音	舉例
適量	**q.s.**〔kew-ehs〕	※quantité suffisante〔kanh-tee-tay sew-fee-zanht〕適量的簡稱
少量的…	**un peu de …**〔uhnh puh duh…〕	＊un peu de sucre〔～ sew-khr〕砂糖少量、少量的砂糖。 ⇔beaucoup de ...
極少量的…	**une pointe de …**〔ewn pwenht duh…〕	＊une pointe de muscade〔～ mews-kahd〕極少量的肉荳蔻。
很多的…	**beaucoup de …**〔boh-koo duh…〕	＊beaucoup de graisse〔～ ghrahs〕很多的油脂。
一半的、二分之一的…	**un demi- …**〔uhnh duh-mee …〕	※冠以陰性名詞時，une demi- ...〔ewn duh-mee〕僅冠詞是陰性形。＊ un demi-verre d'eau〔～ uhnh duh-mee vehr doh〕半杯的水。

附錄

1大匙的…	**une cuiller (cuillère) à potage (soup) de …**〔ewn kwee-yehr ah poh-tah-zh (soop) duh…〕 ※除了cuiller,cuillère之外，cuillerée〔kwee-yeh-hray〕陰 使用上也相同。以下亦同。	＊1 cuiller à potage de sel〔～ sehl〕1大匙鹽。 ＊2 cuillers à potage de fécule〔duh kwee-yehr ah poh-tah-zh duh fay-kewl〕2大匙澱粉。 ＊3 cuillers à potage d'eau〔thrwa kwee-yehr ah poh-tah-zh doh〕3大匙水。
1小匙的…	**une cuiller (cuillère) à café de …**〔ewn kwee-yehr ah kah-fay duh…〕	＊1 cuiller à café de sel〔～ sehl〕1小匙鹽。 ＊2 cuillers à café de fécule〔duh kwee-yehr ah kah-fay duh fay-kewl〕2小匙澱粉。 ＊3 cuillers à café d'eau〔thrwa kwee-yehr ah kah-fay doh〕3小匙水。
1根的…	**un bâton de …**〔uhnh bah-tonh duh…〕	＊2 bâtons de cannelle〔duh bah-tonh duh kah-nehl〕2根肉桂棒。
1束的…	**une botte de …**〔ewn bot duh…〕	＊1 botte de cerfeuil〔～ sehr-fuhy〕1束香葉芹（山蘿蔔）。
1枝的…	**une branche de …**〔ewn branh-sh duh…〕	＊3 branches d'angélique〔trwa branh-sh danh-zhay-leek〕3枝歐白芷的莖。
1根（1枝）的…	**un brin de …**〔uhnh brenh duh…〕	＊1 brin de romarin〔～ hro-mah-renh〕1枝迷迭香。
1根小枝的…	**une brindille de …**〔ewn brenh-deey duh…〕	＊1 brindille de thym〔～ tenh〕1根小枝的百里香。
1打的…	une douzaine de…〔ewn doo-zehn duh…〕	＊2 douzaines de pommes〔duh doo-zehn duh pom〕2打蘋果。
1片的…（板狀明膠等）	**une feuille de …**〔ewn fuhy duh…〕	＊3 feuilles de gélatine〔trwa fuhy duh zhay-lah-teen〕3片板狀明膠。
1根（豆類的豆莢）的…、1瓣（大蒜等球根鱗莖等）的…	**une gousse de …**〔ewn goos duh…〕	＊1 gousse de vanille〔～ vah-neey〕1根香草莢。 ＊2 gousses de cardamome〔duh goos duh kahr-dah-mom〕2個小荳蔻（的豆莢）。
1滴的、少量的…	**une goutte de …**〔ewn goot duh…〕	＊quelques gouttes de grenadine〔kehl-kuh goot duh gruh-nah-deen〕數滴石榴糖漿。
1塊的、1片的、1團的…	**un morceau de …**〔uhnh mohr-soh duh…〕	＊1 morceau de fromage〔～ fro-mah-zh〕1片起司。
1包、1盒的…	**un paquet de …**〔uhnh pah-keh duh…〕	＊1 paquet de cerfeuil〔～ sehr-fuhy〕1包香葉芹（山蘿蔔）。
1株、1根的…	**un pied de …**〔uhnh pyay duh…〕	＊4 pieds de céleri〔kathr pyay duh say-luh-hree〕4株芹菜。（⇒1株芹菜是1 branche de céleri〔ewn branh-sh duh say-luh-hree〕）
（使用2根手指頭）1小撮的…	**une pincée de …**〔ewn penh-say duh…〕	＊une pincée de sel〔～ sehl〕1小撮的鹽。
（使用3根手指頭）1小把的…	**une prise de …**〔ewn preez duh…〕	
1把、1握的…	**une poignée de …**〔ewn pwra-nyay duh…〕	＊une poignée de pistaches concassées〔～ pees-tah-sh konh-kah-say〕1把切碎的開心果。
1袋（小袋）的…	**un sachet de …**〔uhnh sah-sheh duh…〕	＊un sachet de levure chimique〔～ luh-vewhr shee-meek〕1袋的泡打粉。
1杯的…	**un verre de …**〔uhnh vehr duh…〕	＊2 verres de lait〔duh vehr duh leh〕2杯牛奶。

年、季節、月、週、日的敘述方法

■年

an〔アン〕陽　年、年齢（～歲）
année〔アネ〕陰　年、一年之間、年度
siècle〔スィエークル〕陽　世紀、時代

・世紀是以羅馬數字表示的
十九世紀 **XIX esiècle**〔ディズ スヴィエム スィエークル〕（關於 **e**，請參照P154「序數詞」）

・西元曆法的敘述方法（有二種）

1960年　**dix-neuf cent soixante**〔ディズヌフ サン ソワサーント〕（各別二位數來標記）
2011年　**deux mille onze**〔ドゥ ミル オーンズ〕（通常的讀法。持別是2000年以後的現在）

■季節

saison〔セゾン〕陰　季節、當季

＊quatre saisons〔カトル セゾン〕四季、fruits de saison〔フリュイ ド セゾン〕季節的水果、當季的水果

printemps〔プランタン〕陽　春

été〔エテ〕陽　夏

automne〔オトンヌ〕陽　秋

hiver〔イヴェール〕陽　冬

■月

mois〔モワ〕陽　月、一個月
janvier〔ジャンヴィエ〕陽　一月
février〔フェヴリエ〕陽　二月
mars〔マルス〕陽　三月
avril〔アヴリル〕陽　四月
mai〔メ〕陽　五月
juin〔ジュアン〕陽　六月
juillet〔ジュイエ〕陽　七月
août〔ウ〕または〔ウート〕陽　八月
septembre〔セプターンブル〕陽　九月
octobre〔オクトーブル〕陽　十月
novembre〔ノヴァーンブル〕陽　十一月
décembre〔デサーンブル〕陽　十二月

■週

semaine〔スメーヌ〕陰　週、一週、平日
week-end〔ウィケンド〕陽　週末

lundi〔ランディ〕陽　星期一
mardi〔マルディ〕陽　星期二
mercredi〔メルクルディ〕陽　星期三
jeudi〔ジュディ〕陽　星期四
vendredi〔ヴァンドルディ〕陽　星期五
samedi〔サムディ〕陽　星期六
dimanche〔ディマーンシュ〕陽　星期六

■日
jour〔ジュール〕陽　日、一天、星期日
matin〔マタン〕陽　早上、午前
midi〔ミディ〕陽　正午
après-midi〔アプレミディ〕陽　下午
soir〔ソワール〕陽　黃昏、 上、夜晚
nuit〔ニュイ〕陰　夜間
minuit〔ミニュイ〕陽　半夜
hier〔イエール〕副　昨天
veille〔ヴェイユ〕陰　前天
aujourd'hui〔オジュルデュイ〕副　今天
demain〔ドゥマン〕副　明天

■時間
temps〔タン〕陽　時間、時代
heure〔ウール〕陰　時間 / 省略時「**h**」
minute〔ミニュット〕陰　分、立刻、一小段時間 / 省略時「**m**」「**,min**」「**,mn**」
seconde〔スゴーンド〕陰　秒、瞬間 / 省略時「**s**」

慶典

■**人生重要里程碑的慶典**
naissance〔ネサーンス〕陰　誕生
※生日是**anniversaire**〔アニヴェルセール〕或**anniversaire de naissance**。
＊Bon anniversaire！〔ボンナニヴェルセール〕生日快樂 ！

baptême〔バテム〕陽　洗禮
成爲基督教徒的儀式。天主教是在出生二週內進行洗禮儀式。
→ **dragée** (P108)

première communion〔プルミエール コミュニヨン〕陰　初領聖體
第一次參加領聖體**communion**儀式。七歲左右時舉行。

mariage〔マリアージュ〕陽　結婚
※葡萄酒和料理等相適性佳的組合，這樣的組合也稱為**mariage**。

noce〔ノス〕陰　結婚儀式。(複數形用**noces**)結婚、結婚記念日
＊gâteau de noces〔ガトド～〕結婚蛋糕。
→ **croquembouche** (P107)

■慶典
在法國，傳統的天主教徒較多，根據天主教(西方基督教會)教會年曆的節日都已融入生活中，成為法定休假日。教會年曆是以復活節為主，每年的日期也會有變動的「變動性節慶」，以及降誕節(耶誕節)作為起點的固定節日，還有聖母或聖人日(365日每天各排入聖人名)構成。從待降節**avent**起，依以下的順序開始一年的慶典。

◎＝法定節日、移＝移動節日、教＝根據教會年曆而來的節日

・復活節前後排定的節日

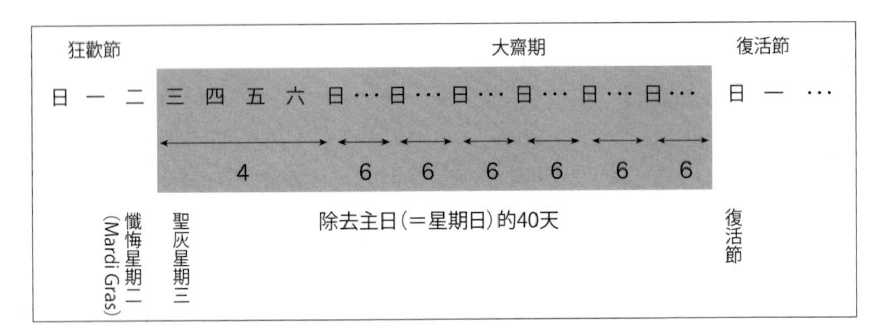

11～12月 移　**avent**〔アヴァン〕陽　待降節、將臨期、アドヴェント(**the**) **Advent**(英)
等待基督降臨的期間。至降誕節**Noël**的前一天為止，前日約四週。從最近十一月三十日的星期日起，開始耶誕裝飾，習慣會在將臨圈裝飾四支蠟燭，每個星期日即點燃一支蠟燭。還有針對小朋友出售每天都會出現一個糕餅的降臨節日曆。

12月25日 ◎ 教　**Noël**〔ノエル〕陽　降誕節、耶誕節。慶祝耶穌誕生日
＊Père Noël〔ペールノエル〕耶誕老人、Joyeux Noël！〔ジョワイユノエル〕耶誕快樂！
→ **bûche de Noël** (P101)

1月1日 ◎　**jour de l'an**〔ジュール ド ラン〕陽　元旦
※新年是nouvel an〔ヌヴェル アン〕。
＊Bonne année！〔ボンナネ〕新年快樂。

1月6日 教　**Épiphanie**〔エピファニ〕陰　主顯節、**Epiphany**
降誕節**Noël**開始的第12天。東方三智者**les Rois**〔レ ロワ〕(也稱三賢王)到訪伯利恆，慶祝耶穌誕生之日。大部分的慶祝是在過年後最初的星期日。
→ **galette des Rois** (P111)

2月2日 **教**　**Chandeleur**〔シャンドルール〕陰　耶穌的奉獻、聖母行潔淨禮的日子

產後第四十日，聖母瑪利亞攜幼子耶穌入聖殿行潔淨禮，接受預言耶穌誕生的老人西默盎之讚誦「這個孩子將帶給眾人光明」，進而將蠟燭 **chandelle**〔シャンデル〕奉獻給教會，所以命名為 **Chandelle**（聖燭節、獻主節）。

這天會製作可麗餅。據說單手握銅板、單手持平底鍋烘餅，若能將可麗餅向上拋起並翻面，則該年就能致富。

→ **crêpe**（P106）

2月 **移教**　**Carnaval**〔カルナヴァル〕陽　嘉年華、狂歡節

四旬期 **carême**〔カレーム〕的齋戒（＝禁食肉）之前，使用肉和雞蛋盛宴、享食、狂歡的節慶。很多地方都會製作油炸糕點。

→ **bugne**（P101）

2月中的星期二 **移教**　**mardi gras**〔マルディ グラ〕陽　**Mardi Gras**、懺悔星期二

嘉年華 **Carnaval** 的最後一天。嘉年華更加狂歡。

2～3月 **移教**　**carême**〔カレーム〕陽　四旬期（大齋期）

指的是從聖灰星期三（**mercredi des Cendres**〔メルクルディ　デ　サーンドル〕）開始至復活節的前一天為止，除去星期日（主日）期間的四十天。（聖灰星期三相當於復活節前四十六天）。

在復活節 **Pâques**〔パーク〕的準備期間、比照耶穌在荒野四十天的試煉進行齋戒期間。禁食、禁肉類與雞蛋。

2月14日 **教**　**Saint-Valentin**〔サン ヴァランタン〕陽　聖華倫泰節

聖華倫泰的節日（雖有各種說法，最有名的是三世紀左右，違反羅馬皇帝禁令替士兵證婚而殉教，就是其中一說）。在歐美，親密的人或伙伴會相互交換卡片或禮物。女性贈送男性巧克力的習慣，是源自 1958 年東京都內的百貨公司開始的情人節促銷，巧克力業者的銷售手法。

3月下旬～4月中旬的星期日 ◎ **移教**　**Pâques**〔パーク〕陰　復活節（**Easter**）、主復活日。翌日星期一是法定假日（**Lundi de Pâques**）

慶祝耶穌復活。耶穌被釘在十字架之日（聖週五）開始，第三天的復活之日。在春分後，第一個滿月降臨的星期日進行。象徵復活的東西、象徵生命的雞蛋，在蛋殼上描繪出圖案並奉獻給教會，或是作為互贈禮物享用。大約一個月前開始，糕點店就會製作出雞蛋以及產蛋母雞的巧克力或杏仁膏糖果工藝。巧克力等製作的雞蛋中會填入巧克力或糖果等作為糕點販售，還有將雞蛋藏在庭園，讓小朋友尋蛋找禮物的習慣。除此之外，兔子、教會鐘、羔羊等也都是復活節的象徵，也會仿這些象徵物地製作糕點。

→ **Agneau Pascal** (P97), **œuf de Pâques** (P118), **nids de Pâques** (P117)

4月1日　**poisson d'avril**〔ポワソン ダヴリル〕陽　四月之魚。四月愚人節

在法語當中四月之魚的意思，魚指的是鯖魚，據說是到了春天很容易就可以釣到的笨魚。也會有人將紙裁切成魚的形狀，悄悄地貼在人的背上惡作劇。也有贈送魚形狀的巧克力或糕點的習慣。

→ **poisson d'avril**（P122）

5月1日 ◎　**fête du Travail**〔フェット デュ トラヴァイユ〕陰　**May day**。勞動節
贈送女性鈴蘭（**muguet**〔ミュゲ〕陽）也會製作裝飾有鈴蘭圖案形狀的糕點。

5月8日 ◎　**fête de la Victoire**〔フェット ド ラ ヴィクトワール〕陰　第二次世界大戰歐戰勝利紀念日
⇒ **victoire**陰戰勝

4月底～6月初的星期四 ◎ 移 教　**Ascension**〔アサンスィヨン〕陰　耶穌升天節
復活的耶穌升天之日。在復活節 **Pâques**後的第四十天（以復活節爲第一天計算）的星期四。也有在該週日慶祝的時候。

5～6月中的星期日 ◎ 移 教　**Pentecôte**〔パントコート〕陰　聖靈降臨節、五旬節。翌日星期一爲法定假日
復活節**Pâques**之後，第七次的星期日聖靈由天而降，十二門徒得到聖靈之力而開始傳教，順道一提，這也是基督教會設立之日。會製作象徵聖靈的白色鴿子糕點。
→ **colombier** (P104)

7月14日 ◎　**Quatorze Juillet**〔カトルズ ジュイエ〕陽　革命紀念日
正式來說是稱巴士底日 fête nationale〔フェット ナスィヨナル〕。又稱爲法國國慶日。

8月15日 ◎ 教　**Assomption**〔アソンプスィヨン〕陰　聖母升天節
基於對聖母瑪利亞的肉體伴隨靈魂升天的信仰，以此日爲紀念日。

10月31日　**Halloween**〔ハロウィーン〕陽　萬聖節
一般在法國也是稱爲 Halloween，正巧是十一月一日的節日－諸神瞻禮節 Toussaint 的前一天，所以也被稱爲 veille de la Toussaint〔ヴェイユ ド ラ トゥサン〕陰。語源是 All Hollows evenings（英：所有聖人之日的前夕）。德魯伊（Druid）新年慶典的由來。這個晚上，惡靈、魔鬼等都在人世徘徊，所以要變裝成他們的同類以免受害，就是變裝的起源。
1840 年代在美國的愛爾蘭天主教移民之間開始流行，挖空南瓜並裝入蠟燭點燈，孩子們變裝到鄰居家 Trick or treat（不給糖就搗蛋），而後變成給糕點糖果的習慣。
不是教會年曆中的慶典，在法國並沒有慶祝這個節日的習慣。最近是因美國帶入的影響而開始的商業行爲。

11月1日 ◎ 教　**Toussaint**〔トゥサン〕陰　諸神瞻禮節。紀念所有聖人之日

11月11日 ◎　**fête de l'Armistice**〔フェット ド ラルミスティス〕陰　第一次世界大戰休戰紀念日
⇒ **armistice**〔アルミスティス〕陽休戰

字母順序索引

「地名」以外的所有詞彙，以及其他被認為必要的法語，以 ABC 之順序、依法語→［日文拼音］→羅馬拼音發音→詞類→記載頁之順序標示出來（詞類為複數時，僅標記出主要詞類。想要知道詳細的解釋時，只要參考標示的頁面即可）。
參照頁面之前若是有「→ ○○○」時，是該語詞的相關語或舉例等，該法語的詞彙或項目名稱則標示在→之後。
名詞單複同形（單數與複數是相同形態）時，就會省略標示。

Ⓐ

B

C

D

E

F

G

Ⓗ

I

J

K

L

Ⓜ

Ⓝ

O

P

Q

Ⓡ

S

T

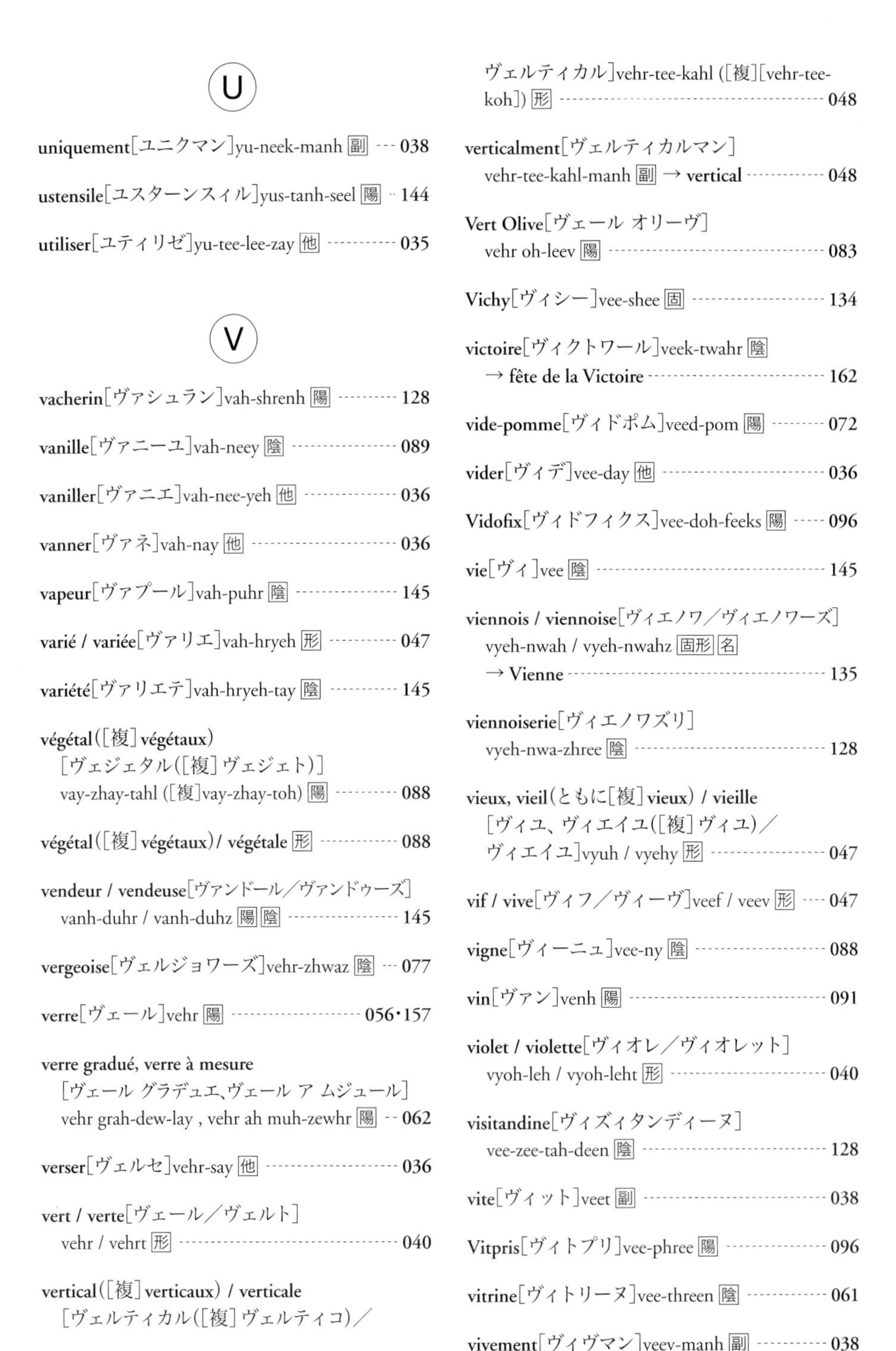

U

V

Ⓦ

Ⓨ

Ⓩ

反查索引

由中文反向搜尋法文的索引。
中文僅截取關於糕點的主要用語。
為了選取中文經常引用的單字、文章，有時會與由法語搜尋的釋意略有不同。
法語中表示複數或有不同說法，並且都很重要時，會以不只一個的中文語彙來介紹同一個法語單字。
名詞當中單複同形(指單數與複數為同樣形態)時，則會省略標示。

反查索引1～5劃

反查索引1～5劃

6〜10劃

11～15劃

16～20劃

21 ～ 25 劃

作者簡介

小阪ひろみ　KOSAKA HIROMI

辻靜雄料理教育研究所主任研究員。畢業於大阪市立大學文學部西洋文學科，專攻法語、法國文學。辻製菓專門學校，教授法語。

山崎正也　YAMAZAKI MASAYA

エコール 辻 東京西式糕點主任教授。調理師專門學校畢業。也任職於同系列學校辻製菓專門學校、辻調グループ法國校、辻製菓マスターカレッジ，也在里昂「BERNACHON」、尼斯「ciel d'azur」研修。

系列名稱 / EASY COOK
書　名 / 糕點常用語必備的法中辭典
監　修 / 辻製菓專門學校
作　者 / 小阪ひろみ・山崎正也
出版者 / 大境文化事業有限公司
發行人 / 趙天德
總編輯 / 車東蔚
翻　譯 / 胡家齊　法文拼音 / 林惠敏
文編・校對 / 編輯部
美　編 / R.C. Work Shop
地　址 / 台北市雨聲街 77 號 1 樓
TEL / (02)2838-7996
FAX / (02)2836-0028
初版日期 / 2018 年 9 月
定　價 / 新台幣 540 元
ISBN / 9789869620529
書　號 / E111
讀者專線 / (02)2836-0069
www.ecook.com.tw
E-mail / service@ecook.com.tw
劃撥帳號 / 19260956 大境文化事業有限公司

國家圖書館出版品預行編目資料
糕點常用語必備的法中辭典
小阪ひろみ・山崎正也 著；
-- 初版 .-- 臺北市
大境文化，2018[107] 240 面；
15.5×21.5 公分 .
（EASY COOK；E111）
1. 烹飪　2. 點心食譜　3. 詞典
427.041　107013698

TSUKAERU SEIKA NO FRANCE GO JITEN
by Kosaka Hiromi / Yamazaki Masaya,supervised by TSUJI Institute of Patisserie.

Originally published in Japan in 2010 by SHIBATA PUBLISHING CO., LTD.,Tokyo
Chinese translation rights arranged with SHIBATA PUBLISHING CO., LTD., Tokyo
through TOHAN CORPORATION,TOKYO.

Printed in Taiwan